基于角质颚的北太平洋柔鱼渔业生态学研究

陈新军 方舟 著

科学出版社

北京

内 容 简 介

角质颚是柔鱼的摄食器官，蕴含着极其丰富的生态信息。本书是基于角质颚的微结构和微化学技术在西北太平洋柔鱼渔业生态学研究中的具体应用。本书利用角质颚稳定同位素，比较不同群体柔鱼在摄食生态位上的差异，并利用 GAM 模型建立稳定同位素与相关因子之间的关系；分析角质颚中微量元素组成和含量，比较性别间和不同生长阶段的含量差异，探讨与海洋环境因子的关系，推测并重建柔鱼洄游路径，从而较为系统地掌握北太平洋柔鱼渔业生态学，建立一套基于角质颚的大洋性头足类研究技术体系。

本书可供海洋生物、水产和渔业研究等专业的科研人员、高等院校师生及从事相关专业生产、管理的工作人员使用和阅读。

图书在版编目(CIP)数据

基于角质颚的北太平洋柔鱼渔业生态学研究/陈新军, 方舟著. —北京:科学出版社, 2016.11

ISBN 978-7-03-050849-2

Ⅰ.①基… Ⅱ.①陈… ②方… Ⅲ.①北太平洋-柔鱼-生物学-研究 Ⅳ.①Q959.216

中国版本图书馆 CIP 数据核字 (2016) 第 279940 号

责任编辑：韩卫军 / 责任校对：唐静仪
责任印制：余少力 / 封面设计：墨创文化

科学出版社 出版
北京东黄城根北街16号
邮政编码：100717
http://www.sciencep.com

成都锦瑞印刷有限责任公司 印刷
科学出版社发行 各地新华书店经销

*

2016 年 11 月第 一 版　开本：B5 (720×1000)
2016 年 11 月第一次印刷　印张：11
字数：220 千字

定价：84.00 元
(如有印装质量问题，我社负责调换)

本专著得到国家自然科学基金项目(基于角质颚的北太平洋柔鱼生态学研究,NSFC41276156)、上海市高峰高原学科建设计划Ⅱ类(水产学)的资助

前　言

　　北太平洋柔鱼是我国重要的经济捕捞对象之一。该物种在北太平洋海域的海洋生态系统中占有重要的地位。刚刚成立的北太平洋渔业委员会(North Pacific Fisheries Commission，NPFC)已将该种类纳入管理范畴。柔鱼主要由两个地理种群组成，其不同群体的生长、摄食和洄游状况会因不同海域的海洋环境差异而有着很大的不同。因此了解和掌握北太平洋柔鱼的种群划分、年龄生长、摄食生态和洄游路径，有利于人们认识柔鱼在海洋生态学中的意义，对该物种进行科学的评估和管理。

　　角质颚是头足类的摄食器官，蕴含着极其丰富的生态信息。本专著根据2010~2012年5~11月在北太平洋海域采集的柔鱼样本，根据角质颚的结构特征，对不同群体柔鱼角质颚的形态进行比较，并且结合耳石形态和地标点法进行群体划分；通过研磨观察角质颚微结构，读取生长纹的数量，并与对应的耳石生长纹进行对比分析；补充描述柔鱼角质颚色素沉着特征，并提出新的分级标准，比较不同性别间的差异；利用角质颚稳定同位素比较不同群体柔鱼在摄食生态位上的差异，并利用GAM模型建立稳定同位素与相关因子之间的关系；分析角质颚中微量元素组成和含量，比较性别间和不同生长阶段的含量差异，探讨与海洋环境因子的关系，推测并重建柔鱼洄游路径，从而较为系统地掌握北太平洋柔鱼渔业生态学，建立一套基于角质颚的大洋性头足类研究技术体系。

　　本专著分为6章。第1章首先阐明本书的研究目的和意义，并总结北太平洋柔鱼渔业生物学、角质颚研究的国内外现状以及存在的问题，为后续研究做铺垫。第2章为不同群体角质颚形态差异及其种群判别分析，重点描述柔鱼角质颚的外部形态特征及其变化，分析不同生长阶段和不同性别间角质颚形态的变化以及与性成熟之间的关系；结合耳石和角质颚两种硬组织的形态参数，尝试建立柔鱼不同产卵-地理群体的判别函数；利用地标点法，模拟不同群体角质颚的形态变化，并分析其他因素对角质颚形态的影响。第3章为角质颚微结构及日龄生长研究，依据前人关于孵化后角质颚的轮纹基本是"一日一轮"的论断，观测角质颚的微结构及其轮纹间距，对角质颚的轮纹数进行鉴别，确定其日龄，并与耳石微结构获得的日龄结果进行比较；同时，将读取的角质颚日龄用于柔鱼的生长分析；通过与前人研究的生长结果比较，探讨角质颚读取日龄应用的可行性。第4章为角质颚色素沉着与摄食生态研究，按前人的分级标准将角质颚色素沉积过程分为 7 个等级，分析不同性别色素沉着等级与相关因子关系的差异；结合其摄食习性，探讨角质颚色素沉着与柔鱼个体及角质颚生长的关系；分析不同生长阶段角质颚中稳定同位素 $\delta^{13}C$ 和 $\delta^{15}N$ 含量及其变化；结合其摄食习性等，探讨其摄食生态及其在海洋食物网中的地位。第 5 章为角质颚微量元素及其生活过程推测，对不同角质颚区域进行打点，分析不同生活阶段中角质颚微量元素种类组成、含量及其变化(包括栖息海域水质的微量元素)；结合相关的海洋环境因子，尝试推测其生活过程及栖息环境。第 6 章为存在的问题和展望，对本书研究中存在的问题进行分析，并对将来需要进行深入研究的方向进行展望。

  本书可认为是基于角质颚的微结构和微化学技术在西北太平洋柔鱼渔业生态学研究中的具体应用。本书的出版有利于国内外大洋性头足类研究方法和研究手段的发展，也将进一步加强对北太平洋柔鱼渔业生态学的认识。

  由于时间仓促，且本书覆盖内容广，国内没有同类的参考资料，因此难免会存在一些错误。望读者提出批评和指正。

作者

2016 年 6 月 16 日

目　　录

第 1 章　绪论 ··· 1
1.1　研究目的和意义 ··· 1
1.2　国内外研究现状 ··· 2
1.2.1　北太平洋柔鱼渔业概况 ··· 2
1.2.2　北太平洋柔鱼渔业生物学研究进展 ··· 2
1.2.3　头足类角质颚研究现状 ··· 7
1.3　研究内容、框架和技术路线 ··· 20
1.3.1　研究内容和框架 ··· 20
1.3.2　技术路线 ··· 21

第 2 章　北太平洋柔鱼角质颚形态学研究 ··· 22
2.1　不同群体柔鱼角质颚形态差异分析 ··· 22
2.1.1　材料与方法 ··· 22
2.1.2　结果 ··· 25
2.2　不同硬组织对柔鱼群体判别结果差异分析 ··· 33
2.2.1　材料与方法 ··· 33
2.2.2　结果 ··· 35
2.3　利用地标点法对柔鱼不同群体和性别判别分析 ··································· 41
2.3.1　材料与方法 ··· 41
2.3.2　结果 ··· 42
2.4　讨论与分析 ··· 49
2.4.1　不同群体角质颚形态差异 ··· 49
2.4.2　不同性别角质颚形态差异 ··· 50
2.4.3　性成熟对角质颚形态的影响 ··· 51
2.4.4　色素沉着对不同群体角质颚形态的影响 ······································· 52
2.4.5　不同硬组织和方法对群体判别的影响 ··· 52
2.5　小结 ··· 53

第 3 章　基于柔鱼角质颚微结构的日龄与生长研究 ····································· 54
3.1　角质颚生长纹及其与耳石生长纹比较 ··· 54
3.1.1　材料与方法 ··· 54

    3.1.2 结果 ··· 55
  3.2 角质颚生长纹特点及其在柔鱼日龄估算中的应用 ··························· 59
    3.2.1 材料与方法 ··· 59
    3.2.2 结果 ··· 61
  3.3 讨论与分析 ··· 64
    3.3.1 角质颚微结构 ··· 64
    3.3.2 角质颚研磨平面的选择 ··· 65
    3.3.3 角质颚生长纹的验证 ··· 65
    3.3.4 柔鱼角质颚的生长及性别差异 ·· 65
    3.3.5 柔鱼生长方程的年间差异 ·· 66
  3.4 小结 ··· 67
第4章 柔鱼角质颚色素沉着及其摄食生态的研究 ································ 69
  4.1 柔鱼角质颚色素沉着等级判定及性别差异 ··································· 69
    4.1.1 材料与方法 ··· 69
    4.1.2 结果 ··· 70
  4.2 柔鱼角质颚色素沉着与个体大小的关系 ······································ 76
    4.2.1 材料与方法 ··· 76
    4.2.2 结果 ··· 77
  4.3 柔鱼不同群体的角质颚稳定同位素变化 ······································ 83
    4.3.1 材料与方法 ··· 83
    4.3.2 结果 ··· 85
  4.4 讨论与分析 ··· 91
    4.4.1 色素沉着等级判定的改进 ·· 91
    4.4.2 色素沉着与柔鱼食性变化的关系 ····································· 91
    4.4.3 色素沉着与控制肌肉变化的关系 ····································· 92
    4.4.4 色素沉着的性别差异 ··· 92
    4.4.5 角质颚稳定同位素与生态位的关系 ································· 93
    4.4.6 稳定同位素与 $\delta^{13}C$ 的关系 ······································ 94
    4.4.7 稳定同位素与 $\delta^{15}N$ 的关系 ······································ 94
    4.4.8 上下角质颚稳定同位素的差异 ·· 95
  4.5 小结 ··· 96
第5章 柔鱼角质颚微量元素的研究 ·· 97
  5.1 柔鱼角质颚不同生长阶段微量元素组成和差异分析 ······················· 97
    5.1.1 材料与方法 ··· 97
    5.1.2 结果 ··· 100

5.2 角质颚微量元素重建柔鱼洄游路径 ·· 103
   5.2.1 材料与方法 ··· 103
   5.2.2 结果 ··· 104
5.3 讨论与分析 ·· 109
   5.3.1 角质颚微量元素组成 ··· 109
   5.3.2 微量元素性别和群体差异 ··· 109
   5.3.3 洄游路径的重建 ··· 110
5.4 小结 ·· 111

第6章 主要结论与展望 ··· 112
6.1 主要结论 ·· 112
6.2 研究创新点 ·· 114
6.3 存在问题及展望 ·· 114

参考文献 ·· 116

附录 ·· 131
   附录1 利用maps和ggplot2绘制站点图 ·· 131
   附录2 利用geomorph包分析不同群体和性别角质颚形态差异 ·············· 134
   附录3 利用mgcv包绘制GAM模型及相关图例 ······································· 148
   附录4 利用ggplot2包绘制C/N稳定同位素图和箱型图 ························· 152
   附录5 利用reshape2和dplyr包整合环境数据及转换分辨率 ················· 157
   附录6 利用geoR包推算柔鱼在不同阶段某海域可能出现的概率推算
          洄游路径 ·· 159

第1章 绪　　论

1.1　研究目的和意义

柔鱼(*Ommastrephes bartramii*)广泛分布于三大洋的亚热带海域，是目前世界大洋性头足类中重要的资源之一[1]。目前针对柔鱼的生产开发主要集中在太平洋北部海域，即 $150°\sim165°E$、$35°\sim45°N$ 海域。我国于1993年开始对北太平洋海域柔鱼进行商业性捕捞，目前是该鱼种的最大产量国家[2]。2010~2015年年产量为 $3\times10^4\sim6\times10^4$ t，有着较大的经济效益。柔鱼在北太平洋海洋生态系统中也扮演着重要的角色，国内外学者已从个体日龄与生长[3-6]、摄食和生活史[7,8]、海洋环境与资源量的关系[9]、资源评估与管理[10-12]等方面对柔鱼进行了较为广泛的研究。为确保柔鱼资源的可持续开发利用，对柔鱼的群体分布及其差异和洄游路径的探究，是包括我国在内的各国和地区学者所关注的问题，也是柔鱼资源量评估与管理的最基础工作。

作为西北太平洋海域最重要的头足类之一，针对柔鱼的资源评估与管理已被刚刚成立的北太平洋渔业委员会提上议程。柔鱼有2个地理种群和4个地理-产卵种群，分布区域都有所重叠。不同种群之间的外形差异较小，用肉眼无法直接辨别，因此正确判断和区分不同柔鱼种群也是研究的难点和重点之一。柔鱼的洄游范围极为广泛，最大可达上千公里，而洄游也受到海洋环境的影响，尽管多年来通过多种方法对柔鱼的洄游路径有所了解，但是仍然需要更加透彻完整地推断其每个阶段的栖息环境，掌握其生活史规律。为此，本书根据我国鱿钓船不同年份在北太平洋所采集的柔鱼样本，基于角质颚这一硬组织，通过外形参数来比较不同群体的差异，从而进行种群判别分析。通过观察角质颚的微结构，验证和读取柔鱼的日龄，为研究日龄生长提供新的思路；通过角质颚的色素沉着和稳定同位素的变化，更好地了解其在海洋生态系统所处营养级的位置；根据角质颚中微量元素的组成，分析不同生长阶段的分布差异，结合环境因子推断其洄游路径，从而比较全面地了解和掌握柔鱼的基础生物学以及生活史规律，为科学管理该资源奠定基础；建立一套基于角质颚的北太平洋柔鱼渔业生态学研究技术体系，为其他大洋性头足类研究提供一种新的途径。

1.2 国内外研究现状

1.2.1 北太平洋柔鱼渔业概况

西北太平洋是日本等东亚国家重要的渔区之一,在其近岸海域有丰富的太平洋褶柔鱼(*Todarodes sagittatus*)分布。20 世纪 70 年代初,太平洋褶柔鱼的产量急剧下降,但鱿鱼加工制品需求量日增,因此分布在西北太平洋外海海域的柔鱼成为该海域鱿钓渔业的主要捕捞对象。1974 年日本开始利用鱿钓船对柔鱼进行产业性开发。1975 年渔获量为 $4.1×10^4$ t,渔场主要在北海道和本州东北部海域。1976 年和 1977 年渔场伸展到 157°E、离岸 200n mile(1n mile=1.852km)外的公海海域,渔获量分别达到 $8.4×10^4$ t 和 $12.0×10^4$ t,此间韩国、我国台湾地区也开始针对此鱼种进行开发。1978 年日本渔民根据长期从事大马哈鱼流刺网渔业的经验,发展了高效率、低成本的柔鱼流刺网作业,并将渔场进一步扩大到 165°E 以外的海域,年产量迅速增长到 $15.3×10^4$ t。到 1980 年作业方式基本上都已采用流刺网,年产量也增加到 $20.3×10^4$ t。从此,柔鱼流刺网作业成为日本、韩国和我国台湾地区重要的外海渔业[13]。由于当时作业渔场不受国际上各种条件的限制,作业范围不断扩大,流刺网作业渔场也伸展到 145°W。1993 年以后,公海大型流刺网被全面禁止[14],鱿钓成为唯一的作业方式。

我国大陆地区于 1993 年开始对北太平洋柔鱼资源进行调查,1994 年开始有一定规模的鱿钓船进行生产。之后作业规模和作业渔场不断扩大。特别是 1996~1998 年,每年向东部海域拓展约 8 个经度,1998 年作业渔场已到达 175°E,1999 年、2000 年和 2001 年又分别向西经海域进行探捕和调查,开发了原流刺网作业渔场,作业渔场向东最远拓展到 165°W。1998 年年产量超过 $12×10^4$ t,1999 年达到历史最高产量,为 $13.2×10^4$ t。之后,我国鱿钓船稳定在 250~300 艘,年产量在 $10×10^4$ t 左右[15]。但是,2009 年由于海洋环境变化,柔鱼资源补充量发生了很大变化,产量骤降至 $3×10^4$ t[16]。虽然近几年来产量有所提升,但我国、韩国和日本等在北太平洋捕捞柔鱼的产量累计不足 $8×10^4$ t,处在历史的最低水平[2,16]。

1.2.2 北太平洋柔鱼渔业生物学研究进展

1.2.2.1 分类地位及其分布

柔鱼(*Ommastrephes bartramii*),英文名为 Neon flying squid,外形见

图1-1。柔鱼属头足纲、鞘亚目、枪形目、开眼亚目、柔鱼科、柔鱼属[1]，世界范围的分布如图1-2所示。在北太平洋广泛分布于日本沿岸至加拿大近海的广阔海域。

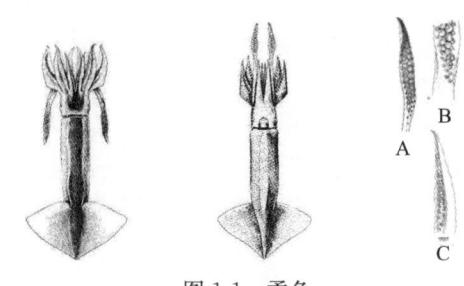

图 1-1 柔鱼
A. 触腕穗；B. 触腕穗基部；C. 茎化腕

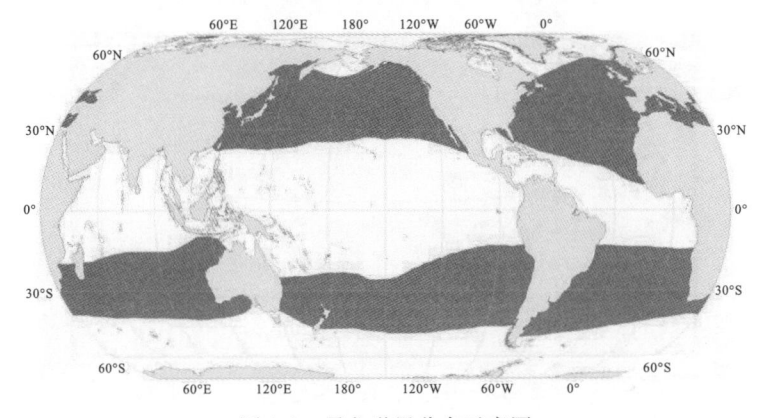

图 1-2 柔鱼世界分布示意图

1.2.2.2 种群结构

柔鱼的种群结构较为复杂。Murakami 等依据体型的大小，将柔鱼分为特大型群(LL)、大型群(L)、小型群(S)和特小型群(SS)4 个群体[17]。陈新军依据体型大小，利用灰色系统聚类判定在165°E以西海域捕捞的柔鱼可分为小型和大型群体2个种群[18]，其优势胴长组分别为19~21cm和26~31cm。根据柔鱼个体感染的不同种类的寄生虫[19]，将170°E~160°W海域和147°E~170°E海域的柔鱼分为两个类群。目前被大多数学者认可的群体分类方法是结合孵化高峰期和分布海域，以170°E为界，将柔鱼分为2个地理种群，即东部群体和西部群体，同时结合产卵时期不同，可细分为4个地理-产卵种群：秋生群体中部亚群、秋生群体东部亚群、冬春生群体西部亚群和冬春生群体中东部亚群(图1-3)[18-21]。

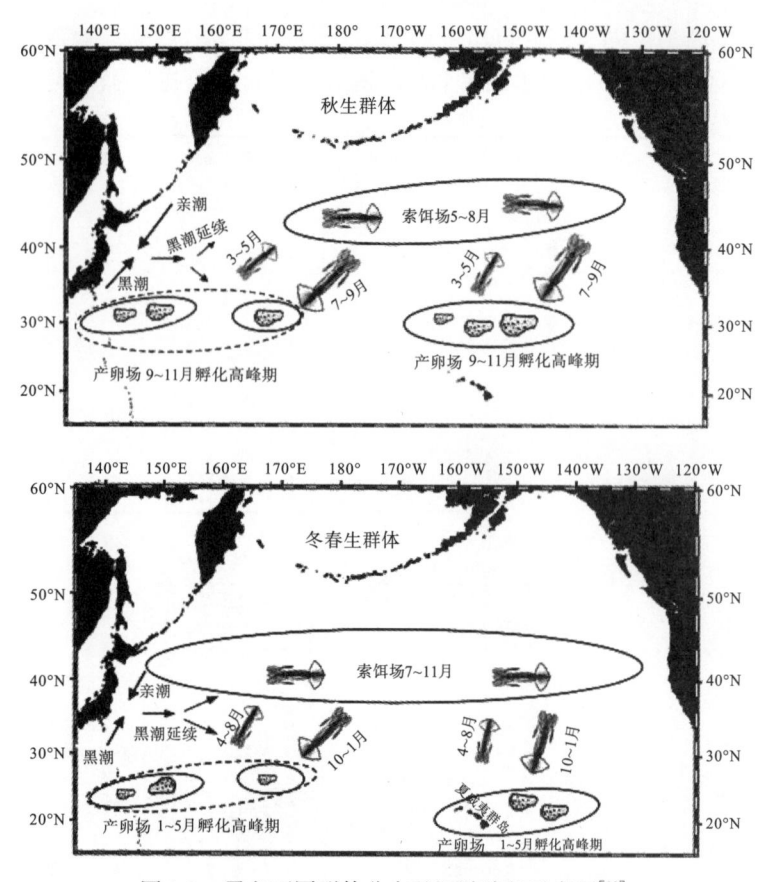

图 1-3　柔鱼不同群体分布及洄游路径示意图[22]

近年来，许多学者利用分子生物学的方法对柔鱼进行种群鉴别。Katugin 对多年采集的 750 尾柔鱼样本进行基因分析，结果发现冬春生群体和秋生群在多个等位基因点上存在差异[23]，因此认为不同种群的柔鱼可以通过分子生物学的方式进行比较和区分。而刘连为等[24]通过线粒体 DNA 的 *COI* 和 *Cytb* 基因序列分析方法对柔鱼不同产卵季节群体的遗传多样性和遗传结构进行研究。结果认为，北太平洋柔鱼 2 个产卵季节群体间的遗传差异不显著，不存在显著的群体遗传结构。随后又根据筛选出的 8 个微卫星位点对北太平洋柔鱼 6 个不同地理位置的遗传多样性及遗传结构进行分析[25]。分析结果均表明，群体间遗传分化不显著，遗传差异主要来自于个体间。由于两个种群所处的海域缺乏地理上的障碍，加之北太平洋海流的作用以及柔鱼个体较强的游泳能力，使得群体之间具有较强的基因流。

1.2.2.3　日龄与生长

柔鱼生长速度快。根据耳石生长纹的结果，一般认为其生命周期约为 1

年[26]。柔鱼雌性的寿命略大于雄性[27]，且雌性个体比雄性生长快[5]；夏季孵化的个体要比春季孵化的个体生长快[5]，冬春生群体和秋生群体在不同阶段的生长情况也不相同[8]。柔鱼生活史早期海水温度的不同可能是造成后期个体生长差异的原因[3]，幼体时期的海洋环境因子对柔鱼的生长和资源量有着较大的影响[28]。Forsythe 对头足类幼体时期所处的环境分析后认为，西太平洋柔鱼比中东太平洋柔鱼生长快[29]。海流交汇区的食物组成和饵料条件也对日龄和生长有着很大的影响[30]。

目前大多数针对柔鱼生长方程的研究都是基于耳石生长纹数目和胴长的关系而确定的。柔鱼的日龄和生长会受到多方面因素的影响（如食物[7]、温度[28]和地理环境等），因此不同性别、群体、地理区域和不同生长阶段，生长方程的选择和拟合也会有差异。

Yatsu 等分性别、孵化季节、地理区域对柔鱼的日龄和生长进行研究，发现柔鱼生活史中后期（胴长 158～510mm，稚鱼期至成体）的生长模型为线性[3]；Yatsu 对不同群体的柔鱼生长进行研究，发现秋生群体的幼体生长（胴长约 12mm）符合指数生长方程，随着个体的增长，其生长方程较适合线性[4,5]；冬春生群体的幼体生长也符合指数生长。

Chen 等对北太平洋海域不同群体柔鱼的日龄生长进行研究，认为不同性别的生长模式存在差异[6]。其中雄性西部群体符合 Gompertz 生长方程，而东部群体符合幂函数生长方程；雌性西部小型群体和东部大型群体符合 Gompertz 生长方程，西部大型群体和东部小型群体符合幂函数生长方程。此外，不同季节温度的变化也会影响柔鱼的生长情况。

马金等也基于耳石轮纹对北太平洋柔鱼的日龄生长特征进行了研究，结果认为所研究的样本均为冬春生群体，雌雄个体的生长方程均符合线性[26]：

雌性：ML=50.149+1.272t

雄性：ML=73.048+1.06t

式中，ML 为胴长（mm）；t 为日龄。

不同年份柔鱼渔获物样本及其日龄组成不同，一方面可能是不同地区、不同时间所采集的样本具有局限性造成的，另一方面也可能是不同年份海洋环境的差异所导致。Arkhipkin 对厄尔尼诺前、发生中和后期三个时间段的茎柔鱼（*Dosidicus gigas*）样本的日龄生长情况进行分析，发现茎柔鱼在海表温（SST）较低的年份寿命明显较短，而在温度较高的年份寿命较长。因此，今后的研究中对日龄生长情况也应考虑周边环境因子的变化情况[31]。

1.2.2.4 洄游特征

柔鱼为高度洄游性种类，分布范围十分广泛。目前针对柔鱼洄游的研究仍处在推断阶段。一般认为[10],冬春生群体的早期幼体生活在 35°N 以南的黑潮逆流海区,随后稚鱼向北洄游至黑潮锋面,个体也随之生长,至成熟时期,个体或东北洄游进入 35°~40°N 黑潮和亲潮交汇区。8~10 月柔鱼个体主要分布在 40°~46°N 海域(图 1-3),由于该群体在北部海域滞留的时间很长,因而该时期也是主要的捕捞时期,8~10 月也成为主要的捕捞季节。10~11 月以后,大量的柔鱼达到性成熟,伴随着亲潮冷水域的扩展向南洄游。雄性相比雌性而言,性成熟的时期早,因此洄游的开始阶段也比较早[32,33]。

秋生群体中,雌雄个体的洄游路径有着很大的不同。雌性个体的洄游方式与冬春生群体的洄游方式类似,先向北洄游(从亚北极边界再到亚北极锋区),待个体成熟后再往南洄游至产卵场产卵;雄性个体在整个生长过程中一直栖息于北太平洋副热带海域,直到 7 月份开始向南产卵洄游[10](图 1-3)。

柔鱼一般在夜晚栖息于 0~70m 水层,白天则下潜至 150~700m 水层,具有垂直洄游的习性。仔稚鱼基本都出现在海水表层[34-36]。对于不同栖息场所,柔鱼的垂直洄游方式也不同。在索饵场(36°~45°N、164°W~160°E)的夜晚,柔鱼成体分布在海表面和温跃层(40m 左右)之间,随着日出后海表面光线不断增强,柔鱼个体也不断下潜,至日落时又开始上浮至海表面[37]。而产卵场(27°~30°N、140°~145°E)附近的柔鱼个体,无论在白天还是夜晚,其栖息的水层都较深,这与光强有着密切关系[37,38],索饵和逃避敌害也对此分布有着一定的影响[39,40]。

1.2.2.5 摄食与繁殖

柔鱼在仔稚鱼时期主要捕食浮游动物以及甲壳类,随着日龄的增长,捕食其他鱼类和鱿鱼的比例不断增大。秋生群在 5 月份主要栖息于亚北极边界和副热带锋面之间的过渡区,主要摄食对象为灯笼鱼类和鱿鱼类。7 月份,秋生群体主要以亚北极锋面和亚北极边界之间过渡区的鱼类(*Symbolophorus californiensis*)和其他几种鱿鱼类(*Onychoteuthis borealijaponicus*、*Abraliopsis pfefferi*)为食[10]。对于冬春生群而言,其栖息环境均在过渡区。5 月份主要以浮游甲壳类(磷虾类、端足类)为食,7 月份则主要摄食皇穆氏暗光鱼(*Maurolicus imperatorius*)[10]。与此同时其自相残食(Cannibalism)的比例也随着个体生长而不断提高[10]。

柔鱼雌雄个体在性成熟胴长上差异显著,雄性性成熟胴长为 30~33cm,雌性性成熟胴长为 40~55cm[41];Rcoha 等根据排卵类型、产卵式样等特征,认为柔鱼属于"多次产卵型"的产卵策略,即单轮产卵、卵分批产出的类型[42];Laptikhovsky 针对在大西洋捕获的柔鱼,估算其繁殖力为 $3.7\times10^6 \sim 4.9\times10^6$ 怀卵量[43]。Vijai 等根据在夏威夷海域采集的柔鱼样本,对其性腺成熟等指标进行分析[44]。对于雌性胴长大于 400mm 的个体,在其卵巢中均发现了卵子。缠卵腺的生长情况也是性腺发育的重要指标之一。由于柔鱼属多次产卵型,因此其输卵管的饱满度可以被认为是重复产卵的指标之一。也有研究认为[27,44]，雌性柔鱼首次产卵的胴长应该在520～540mm，且其产卵时间较长，这可能是因为有较多不同种群个体聚集在一起，也可能是多次产卵现象所造成的。

总的来说，柔鱼的产卵模式与茎柔鱼、鸢乌贼（*Sthenoteuthis oualaniensis*）类似[45,46]。在性未成熟的雌性个体中，已有大量的卵母细胞存在。随着性腺的发育，这些卵母细胞的数量大致保持不变，但是它们之间的发育程度不尽相同。当卵母细胞成熟时，该细胞从囊泡中通过输卵管释放到性腺中。与此同时，缠卵腺和输卵管腺也在不断生长。当输卵管中有大量的卵子存在时，雌性个体就会选择合适的环境（表温 SST 在 21～25℃）产卵[44]。分批产卵也说明了柔鱼对不稳定环境的高度适应，因为幼体的存活主要取决于偶然短暂的最适海洋环境[42]。分批产卵也是热带和亚热带头足类的常见繁殖策略[47]。

1.2.3 头足类角质颚研究现状

1.2.3.1 角质颚的形态及其发生

头足类的口器位于腕和头部连接的基部，其肌肉质球体称为口球（buccal mass），下端连接着消化腺[48]。口球内部有各种腺体和齿舌（radula）等组织，角质颚也被包裹在其中。Clarke 在 1962 年对头足类角质颚的外形进行研究，并且对各个部位进行命名，确定了专业术语，对角质颚的测量进行了标准化[49]。头足类的角质颚分为上颚（upper beak）和下颚（lower beak）两个部分，为不对称结构，镶嵌模式由下颚嵌盖上颚，与鸟嘴的镶嵌模式相反。具体结构术语参考文献[50]。不同头足类的角质颚形态也各有不同。

由于角质颚的形态不易发生变化，因此人们开始对它的形态中较为固定的一些径向长度进行测量。目前主要对上下角质颚一共 12 个参数进行测量（图 1-4）。这种测量方法快速简便，通过相应的分析就能得出结果，已经广泛应用于种类鉴别及角质颚相应的生长规律等研究中。而径向测量法受到人为和测量工具的影响很大，同时所测量的结果只能反映出角质颚大小（size）的变化，而无法对其具有弧度的形状（shape）进行准确的描述。20 世纪 80 年代后期出现的几何形态测量法（geometrics morphometric）不再仅仅关注物体大小的变化，而更注重对形状的分析和重构[51]。该方法摒弃了传统测量法大量的多余数据（redundant data），在找出相应的几个地标点（landmark）后，通过统计方法分析其形状结构发生变化的内在原因，并且能重新描绘出物体的形状，使得结果更直观准确。这种新方法在近十几年已经广泛应用于各个领域，被称为形态测量学的革命（evolution of morphometric）[52,53]。Neige 等对 16 种鞘亚纲头足类的耳石和角质颚形态进行了分析比较[54],确定了角质颚的地标点(图1-5),并且对每个地标点做了相应的定义(表1-1)。Crespi-abril研究了角质颚的三维结构,将其放置于四面环绕呈45°角倾斜的镜子中,在上方进行拍照,将图片导入软件中而获得相应的地标点,并利用地标点之间距离组成的58条直线框架来估算13个地标点的三维笛卡儿坐标(Cartesian coordinate),从而对不同群体的阿根廷滑柔鱼(*Illex argentinus*)角质颚形态进行分析[55]。许嘉锦也曾用类似的装置对台湾近岸的砂蛸(*Octopus aegina*)与边蛸(*Octopus marginatus*)的角质颚形态进行分析,结果认为几何形态测量法比传统形态测量法更能表现出不同种类间的差异,也可以探讨相关环境对形态的影响[56]。

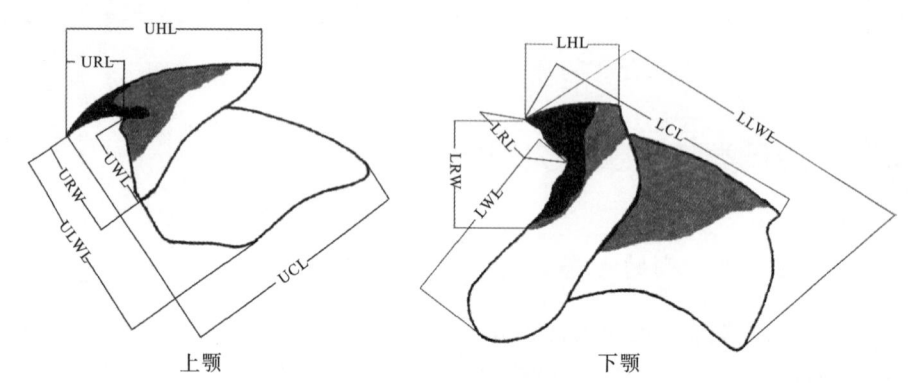

图 1-4 角质颚外部形态测量示意图

UHL. 上头盖长; UCL. 上脊突长; URL. 上喙长; URW. 上喙宽; ULWL. 上侧壁长; UWL. 上翼长; LHL. 下头盖长; LCL. 下脊突长; LRL. 下喙长; LRW. 下喙宽; LLWL. 下侧壁长; LWL. 下翼长

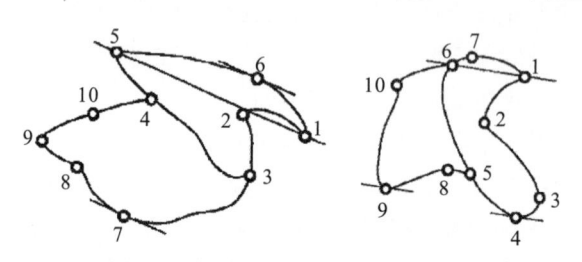

图 1-5 角质颚几何形态测量地标点

表 1-1 角质颚 10 个地标点的定义

上颚		下颚	
地标点	描述	地标点	描述
1	喙的端点	1	喙的端点
2	颚角所在的位置	2	颚角所在的位置
3	翼部与侧壁前端连接处	3	肩部最大弯曲处
4	翼部与侧壁背部交点	4	翼部最低点

续表

	上颚		下颚
地标点	描述	地标点	描述
5	头盖最末端	5	翼部与侧壁腹部交点
6	与1、5点直线平行的头盖相切点	6	翼部与侧壁背部交点
7	与1、5点直线平行的侧壁相切点	7	与1、6点直线平行的头盖相切点
8	7、9两点间的侧壁内凹点	8	5、9两点间的侧壁内凹点
9	侧壁顶部最末端	9	与1、6点直线平行的侧壁相切点
10	脊突最大弯曲处	10	侧壁顶部最末端

作为一种古老的海洋生物，头足类的角质颚形态也随着生物的进化而发生改变。通常认为，头足类起源于古生代寒武纪（Cambrian）的类似单板类动物（monoplacophoran-like）[57]，而角质颚的大量发现是在奥陶纪（Ordovician）[58]。这个时期海洋覆盖着地球的大部分，适宜的水温正适合头足类的生长，因此此时为鹦鹉螺类的全盛时期。人们在地层中发现了大量的鹦鹉螺和角石的角质颚化石，由于古鹦鹉螺的个体很大，因此其角质颚也比现生头足类大得多，同时在组成和形态上也有很大的不同。古鹦鹉螺的角质颚主要由两部分组成，其中头盖部为钙化结核（calcified concretion），分别称为上下喙嘴石（rhyncholites and conchorhynch），其他部分为角质，与现代头足类角质颚的结构类似，主要由几丁质组成[59]。在化石状态下，几丁质一般会转化为细晶磷灰石（Francolite, $Ca_5[F, O|(SiO_4, SO_4, PO_4,)_3]$）[60]或硅硫磷灰石（Wilkeite-Fluorellestadite, $Ca_5[F|(PO_4, CO_3)_3]$）[61]，所以已经基本无法辨认，而钙质层则能较好地保存其原有的形态，因此是古头足类生物学研究的重要材料之一[62]。由于组成成分差异，下喙嘴石在化石中发现的数量要少得多[63]；随后在中生代的三叠纪（Triassic）和侏罗纪（Jurassic），菊石（ammonoid）占据了当时头足类总数的70%，因此在对应时期的地层中出土了大量的菊石角质颚化石[64,65]，菊石类的角质颚保留了鹦鹉螺类的钙化成分，同时形态也有所变化，其中钙化部分一般称之为口盖（operculum），通常分为两种[66,67]：双口盖（apthychi）较为常见，由类似三角形的微向外凸的石灰质片组成，中间有一条直的绞合线；单口盖（anapthychi）只有一片角质薄片，一般不能闭合整个口部。另外还有合口盖（synapthychi）和三分口盖（triapthychi）[68]等。随着头足类的进化，真正的十腕目动物开始出现，箭石类（belemnite）动物就是现代鞘亚纲动物的早期祖先，该种类的角质颚形态已与现生的十腕目十分接近[69,70]，已不存在钙化组织，整体均由几丁质组成，但是与现代头足类角质颚仍然存在一定的差异[71]。

从角质颚的形态上来说，古鹦鹉螺到菊石在形态上的变化主要是相对稳定的营养关系下的压力选择(selection pressure)所致[72]，而气候的变化和外界因素对其形态进化也会产生一定的影响[73]。一般认为，头足类上角质颚的发生与软体动物其他类别的种类(单板纲和腹足纲[74])相似，而下角质颚的功能到目前还有争议，如 Lehmann 认为菊石类下颚宽大的侧壁起到了鳃盖的作用[75]，而 Tanabe 等认为该结论还有待考证[76]。Boletzky 利用枪乌贼(*Loligo vulgaris*)幼体角质颚进行切片分析，并且与前人的胚胎器官发育研究进行比较，认为下颚主要是由特化细胞分泌而来，其发生晚于上颚，在发生过程中，上下颚之间会有一层有机膜进行连接，然后会逐渐分裂，直至成型功能化[77]。Wakabayashi 在对胴长为 2.4～15.0mm 的菱鳍乌贼(*Thysanoteuthis rhombus*)幼体角质颚进行研究后发现，下颚喙部的出现要早于上颚[78]。因此后续对角质颚的发生还需要进一步结合胚胎发育等方面深入研究[79]。

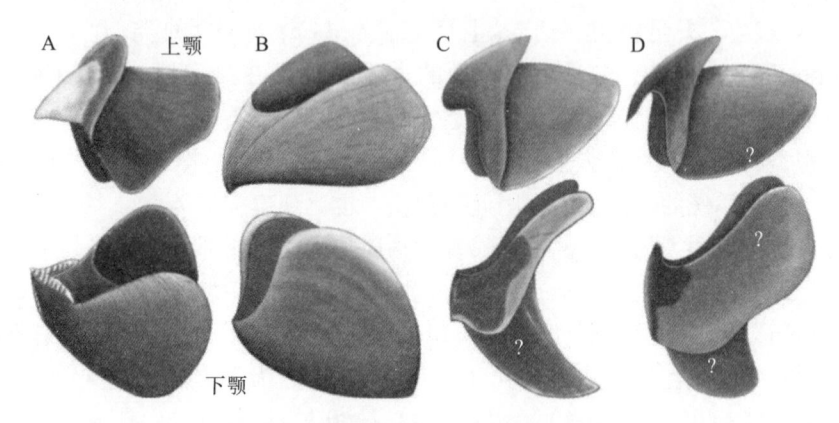

图 1-6 几种灭绝头足类角质颚复原图
A. 鹦鹉螺类 B. 菊石类 C. 幽灵蛸类 D. 箭石类
注：图中问号处为化石模拟部位

1.2.3.2 角质颚的细胞与化学组成

利用扫描电镜对真蛸(*Octopus vulgaris*)和锥异尾枪乌贼(*Alloteuthis subulata*)两种头足类的角质颚切片观察后发现，角质颚是由细胞分泌所形成的，主要由三种类型的细胞组成[80]：第一种是长纤维细胞(cell-long fibrils)，其中一段连接着骨小梁(trabeculae)，另一段与相邻的口球肌肉细胞连接。该类细胞可能与某些部位不断增加的分泌细胞内压所产生的应激反应有关，同时与控制角质颚运动的肌肉也有一定的联系；第二种主要是内质网(endoplasmic reticulum)和致密小颗粒，该颗粒与角质颚的形成关系不大，可能与角质颚的硬度有关；第三种主要是混合纤维细胞和分泌组织。三种细胞群的构成比例在不同的部位和不同的生长时期都有所不同，生长最活跃的部位是以分泌细胞为主，而在以咬合功能为主的喙部是以定型类型的细胞为主。小个体的真蛸角质颚主要是由巨核立方细胞和少量纤维组成，而大个体真蛸角质颚的外层和次外层是由单层柱状细胞构成[81]，因此角质颚细胞的组成也随着个体的生长和功能不同而有所变化。

角质颚是一种特殊的生物材料，受到了许多生物材料学家的关注。为了对角质颚的微结构和力学性质有更多的了解，Miserez 对加利福尼亚沿岸捕获的茎柔鱼（*Dosidicus gigas*）角质颚进行一系列的研究[82]。通过水解作用（hydrolysis）对角质颚中所含的氨基酸进行分析，结果发现氨基酸的成分以甘氨酸（glycine）、丙氨酸（alanine）和组氨酸（histidine）为主，蛋白质含量占湿重的 40%～45%，几丁质的含量为湿重的 15%～20%。在电镜下观察角质颚结构发现，角质颚主要是由大量的薄片组织构成，每个薄片厚度为 2～3μm。它们的排列与角质颚的表面呈一定的角度，与长轴平行。这些薄片由外表面向内延伸 50～100μm，接下来就是一层防水保护层（protective coating）（图 1-7）。在显微镜下还发现了内外表面间有许多裂纹，称之为断裂面（fracture surface），该断裂面主要由许多分层的小薄片组成，有 20～30 层。这种规律性的分层结构表明组织微结构存在不均匀性，这也能促进分层结构的生成，同时分层结构也可能增强裂纹扩散（crack propagation）的抵抗力，促进裂纹偏转（crack deflection），使得其具有更高的韧性。利用纳米压痕（nanoindentation）技术和单边切口张力测试（single-edge notched tension，SENT）对角质颚喙部分超薄切片的机械性能和断裂韧性进行研究，发现含水的角质颚硬度要明显小于干燥的角质颚，这说明水对角质颚有一定的软化作用；断裂韧性的测试结果表明，角质颚的耐磨性在牙本质（dentin）与牙釉质（enamel）之间，可与最好的工程高分子材料和金属相媲美。

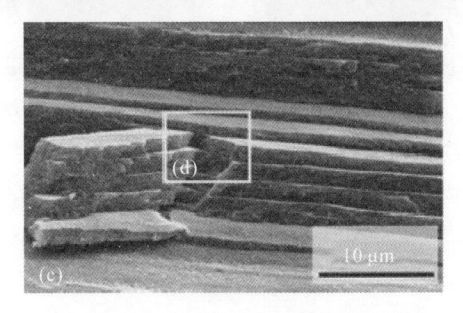

图 1-7 电镜扫描下角质颚的微结构

(a)、(b)为喙部横截面中的断裂面，(c)为通过放大倍数所见的断裂面，(d)为断裂面的分层结构

观察角质颚时能发现一个明显的特征：不同部位有着不同程度的黑色素分布，从几乎接近黑色的喙部到透明的侧壁，色素分布逐渐变淡。角质颚的这种内在色素变化现象，称为色素沉着(pigmentation)。Wolff 对太平洋所采集的 18 种头足类的角质颚进行测量分析，其中有对不同个体大小的角质颚色素沉着进行描述，并配有图例，但限于样本较少和种类较多，未对色素沉着情况进行细化分析[83]。Castro 利用捕获的科氏滑柔鱼(*Illex coindetii*)，对不同个体大小的科氏滑柔鱼角质颚的形态变化进行了研究[84]。研究根据 12.5~15.5cm 的胴长阶段为未成熟到成熟的转变期[85]，结果发现胴长恰好在 12~15cm 阶段时，其角质颚色素开始有沉着出现，并提出了下颚色素沉着的 8 级分类；角质颚色素沉着加深，也可能是为了适应摄食的变化。Hernández-García 分别对褶柔鱼(*Todarodes sagittatus*)[86]和短柔鱼(*Todaropsis eblanae*)[87]的角质颚色素沉着情况与生长、繁殖和摄食情况进行了分析，也发现了类似的结果。色素沉着在不同性成熟的个体中变化不明显，这说明沉着过程只占据了鱿鱼生活史中非常短的时间[88]。

有学者对角质颚色素的成分和特性产生了关注。Miserez 对角质颚色素部分的化学组成和力学性质进行了深入研究[89]。首先通过化学分析发现，色素沉着的成分为儿茶酚(catechols)类物质，主要是 L 型苯丙氨(3,4-dihydroxyphenyl-L-alanine, Dopa)。加酸水解(acid hydrolysis)后发现，未着色部位的主要成分是 N-乙酰氨基葡萄糖，它是组成几丁质的基本单元；碱性过氧化反应(alkaline peroxidation)去除蛋白质和色素后，纯几丁质占干重的 95% 以上[43]。通过重量分析法发现，角质颚的翼部含有 70% 的水、25% 的几丁质和 5% 的蛋白质。随着色素沉着的增加，水分不断减少，在喙部仅有 15%~20% 的水、10%~15% 的几丁质和 60% 的蛋白质，这主要是因为儿茶酚类物质有疏水基团(hydrophobicity)存在，同时氢键(hydrogen-bonding)的作用也会加剧水分子的脱离。通过纳米压痕技术测试，发现随着色素沉着的不断加深，杨氏模量(Young's modulus)从 0.05GPa 增加到 5GPa；而经过冷冻干燥后，角质颚杨氏模量增大，但变化不明显，从喙部的 10 GPa 到未沉着翼部的 5GPa，这说明水对角质颚的硬度起着至关重要的作用。

Miserez 在之前的研究发现，角质颚中并不存在独立的苯丙氨酸(dopa)，而主要是以交联耦合物(cross-link formation)的形式存在(与组氨酸结合最多)[89]，因此在随后的研究中对其中的交联耦合物进行深入研究[90]。研究结果认为，主要存在 5 种交联耦合物，而组成高分子聚合物的过程也与昆虫的外壳类似：在最初的氧化步骤后(把儿茶酚类变为醌)，醌会与亲核蛋白质侧链结合，尤其是组氨酸和半胱氨酸。组氨酸与邻醌亲核加成，形成自我合成的多聚体。富含组氨酸的肽链以 β 折叠构造排列，构造起了坚硬结构的基础；三聚体(trimeric crosslinks)和四聚体(tetrameric crosslinks)的出现，使得角质颚内部结构更加复杂；而与儿茶酚类的交联耦合析出水分子，使得其内在结构更加牢固(图 1-8)。

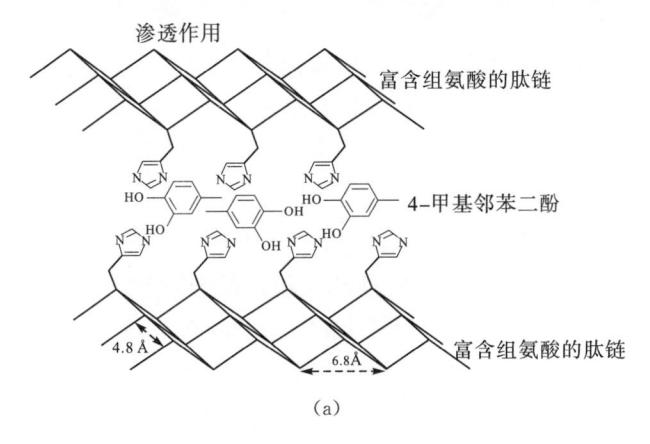

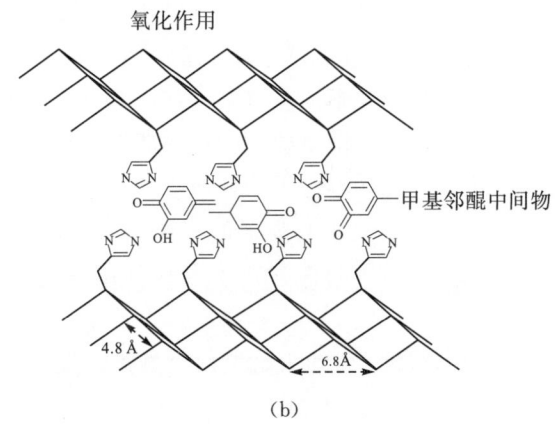

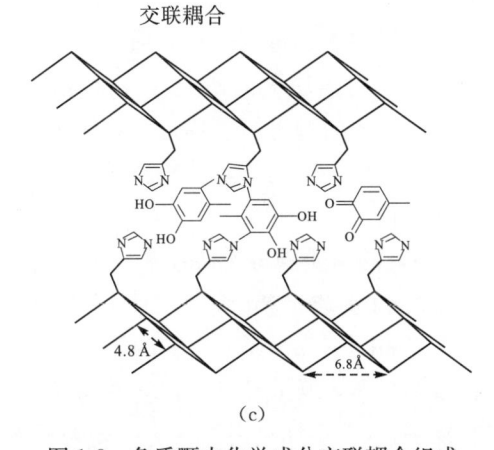

(a)

(b)

(c)

图 1-8 角质颚中化学成分交联耦合组成
(a)、(b)为喙部横截面中的断裂面，(c)为通过放大倍数所见的断裂面，(d)为断裂面的分层结构

1.2.3.3 角质颚的分类鉴定

头足纲是一个古老的类群，起源早，化石种类多。它们生殖腔与体腔相通，个体发生中在胚胎早期无肾，与低等的无板纲类似。这些原始软体动物的特点说明头足纲与软体动物的原始种类接近。但头足纲有着复杂且高度集中的神经系统，且为软骨质包围；眼的结构似脊椎动物，基本为闭管式循环系统；直接发生，无幼虫期。由于头足纲既有原始性状，又有高度的进化特征，因此它们可能是很早即分出的，并沿着更为活跃的生活方式发展的一个独立分支[79]。基于上述特征，头足纲在动物分类学中有着非常重要的地位；同时头足类是许多高等捕食者的重要捕食对象，其本身也以捕食其他的低等水生浮游动物为食，在海洋生态系统中起着承上启下的作用，因此要加深对海洋生态系统的了解，头足类的分类鉴定工作显得至关重要。

动物分类鉴定的方法主要有形态法、生态法、生理法和生化遗传法等[91]，形态法因其快捷简便、容易掌握、不需要复杂工具辅助等特点，被广泛应用于许多物种的鉴定中。头足类的形态特征主要集中在外部软体和内部硬组织中，而硬组织的形态特征稳定，不易腐蚀，不会受到环境或渔具等各方面因素的影响，分析结果比软体特征更为可信[92]。目前角质颚的来源主要是各种海洋大型鱼类（如鲨鱼）和哺乳动物（如鲸鱼、海豚）的胃含物中和科学调查或商业捕捞所获得的样本。

Naef 在 1923 年就已经对不同科的头足类角质颚进行描述，但是并没有给出具体的分类标准[93]。Clarke 在通过大量的样本分析后，自己提出并统一了角质颚的术语命名，同时对超过 500 种不同的头足类进行分类鉴定，提取其角质颚，根据不同科角质颚的特点，说明了鉴定的注意事项，并编制出检索表[49]。Clarke 的方法在分类中被广泛引用，对角质颚的研究有着极为深远的意义。Iverson 等对东太平洋确定的头足类种类角质颚进行了描述，并用图进行解释[94]；Wolff 利用方差分析法对热带太平洋 8 种不同的头足类角质颚进行研究，他将上颚 7 个测量值和下颚 5 个测量值进行比值转换[95]，发现不同种类的比值均有显著差异（$P<0.05$），同时对 8 个种类的角质颚分类提出了鉴别方法；随后用同样的方法对太平洋中的 18 个种类进行了鉴别分析[83]。Clarke 总结了多年来的角质颚分类研究，整理出版了 *A handbook for the identification of cephalopod beaks* 一书，该书为角质颚的分类提供指导至今[96]（图 1-9），书中同时也提出了用下颚作为分类材料的优点：比较容易采集（大型捕食者胃含物中多为下颚保存完好）、有着较为稳定的形态特征、不同种类下颚的形态差异较明显。Smale 根据上述分类方法，对南非海域的 14 种八腕目（Octopoda）进行分类，列出了检索表，并且对角质颚的形态值与个体的胴长和体重建立了关系[97]。Ogden 等根据 7 个长度标准

化的比值，对南大洋 9 个种类的头足类角质颚进行种类划分，结果认为下颚特征能够较好地将不同头足类区分到属，但对种的区分效果较差，同时角质颚特征并不适合建立发生关系（phylogenies）[98]。台湾著名头足类学者卢重成（Lu C. C.）等对澳大利亚沿岸的头足类分布进行调查，并根据角质颚的形态进行种类划分，估算其生物量，为澳大利亚南部海域有鳍鱼类的摄食情况提供鉴定依据[99]；日本学者窪寺恒己（Tsunemi Kubodera）整理了西北太平洋地区的头足类资料，对不同种类的角质颚进行描述并分类，同时将相关的角质颚图片资料上传至因特网（Internet），供研究人员参考，也达到了资源共享的目的[100]（http：//research. kahaku. go. jp/zoology/Beak-E/index. htm）。随着我们对海洋认识的加深，更多的头足类被发现。Xavier 等根据对南大洋（Southern Ocean）头足类多年的研究，将该海域各种头足类的角质颚进行种类划分，完成了南大洋海域头足类角质颚的分类研究[101]。Byern 等奥地利学者基于 Nesis 的划分结果，结合之后新发现的种类和划分方法，通过吸盘的数量、茎化腕的形态、舌齿的形状和角质颚的大小，再次对微鳍乌贼属（*Idiosepius*）的种类进行评估，结果认为除了茎化腕的形状外，其他特征都不能很好地区分微鳍乌贼属下各种类的划分[102,103]。Vega 也用下颚的 7 个特征值对东南太平洋智利沿岸的 28 种头足类进行种类划分，使得智利沿岸的头足类分类更为系统化[104]。

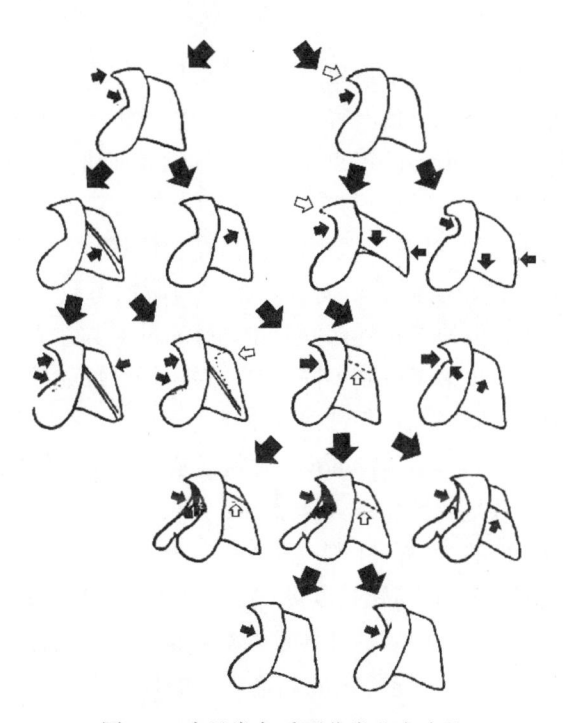

图 1-9　头足类角质颚分类鉴定步骤

注：实心大箭头表示分类的顺序，实心小箭头表示所需注意的特点，空心小箭头表示所需注意的微小差别

由于角质颚的特征在种间的差异较为明显,因此也应用于不同头足类之间的种类划分。Wolff 对同属柔鱼科(Ommastrephidae)的两个种类——柔鱼(*Ommastrephes bartramii*)和翼柄柔鱼(*Ommastrephes pteropus*),利用生物计量学的方法(biometric method),依据角质颚的形态参数建立判别函数,并进行种群划分[105];Pineda 对巴塔哥尼亚枪乌贼(*Loligo gahi*)和圣保罗美洲枪乌贼(*Loligo sanpaulensis*)的角质颚各项形态参数进行比较分析,建立了判别函数,同时建立了角质颚参数和胴长之间的关系[106];Martínez 将滑柔鱼属(*Illex*)中的滑柔鱼(*Illex illecebrosus*)、科氏滑柔鱼(*Illex coindetii*)和阿根廷滑柔鱼(*Illex argentinus*)三个种类的软体特征和角质颚特征进行比较,并建立了判别函数,结果认为角质颚特征所建立的判别函数其正确率可以达到83%,相对来说比软体特征更为可信[107];Chen 等对柔鱼科四个经济种类——柔鱼、茎柔鱼、鸢乌贼以及阿根廷滑柔鱼的角质颚特征进行比较分析[108],通过标准化的角质颚特征参数,建立判别函数,结果发现在种间的判别结果正确率均超过了95%;而不同性别之间的判别正确率,除了茎柔鱼外,也都超过了85%,这在对不同性别的滑柔鱼进行划分时也有所证实[109]。因此,角质颚在头足类的种群划分中有着不可或缺的作用和意义。

1.2.3.4 角质颚的生长及日龄估算

在头足类个体的生长过程中,角质颚为了适应个体生长发育和食性改变,也在不断增大。作为头足类的摄食器官,角质颚的生长也与一些甲壳动物的器官一样,符合异速生长(allometry)的特点。早年各国学者在研究角质颚分类时,将角质颚的各项参数(如 URL、LRL)与个体体重和胴长建立关系,均得到了线性增长的关系[110];Jackson[111]对新西兰海域和福克兰海域[112]采集的强壮桑椹乌贼(*Moroteuthis ingens*)的角质颚进行研究,根据角质颚参数与胴长的关系,结果发现雌性的角质颚生长要快于雄性,同时也与体重的对数建立了线性关系,文中还提出建立关系时应该更多考虑到不同性别以及不同性成熟度的影响。其中对角质颚在不同性别中的不同形态在后续研究中进行了详细的分析,也发现了角质颚的二态性与生长有关[113]。随后 Ivanovic 对阿根廷滑柔鱼角质颚进行了分析,发现胴长与下喙长的对数呈线性关系,体重与下喙长呈线性关系,因此角质颚被认为是估算个体大小的良好材料[114]。Gröger 等对南大洋的寒海乌贼(*Psychroteuthis glacialis*)角质颚长度进行了分析[115],结果发现下喙长和胴长的关系符合三次方程,下喙长的对数与体重的对数也符合三次方程,与其他种类的生长方式有所不同[116],这可能与未取到连续性的样本有关。近些年来,国内学者对中国近海头足类角质颚的生长也有所研究,如东海火枪乌贼(*Loliolus beka*)[117]、太平洋褶柔鱼(*Todarodes pacificus*)[118]以及金乌贼(*Sepia* esculenta)[119]。

作为短生命周期的种类，头足类的日龄鉴定受到各国学者的重点关注，各种新材料和新方法也不断被发掘，成为研究的热点。Young[120]首先在真蛸(*O. vulgaris*)耳石中发现生长纹结构，此后多年的研究均认为耳石是鉴定头足类日龄的良好材料。作为钙结晶体，耳石具有稳定的结构，同时其生长纹也被证实具有"一日一轮"的规律[121]，是头足类记录生命特征的"黑匣子"[122]，但是由于头足类的耳石相对鱼类要小得多，耳石切片的处理过程要经过包埋、研磨、抛光等过程，其中研磨核心技术的掌握是耳石切片成功的关键，也是最大的难点，造成了耳石切片较高的失败率。因此，许多研究者也开始找寻其他的替代材料进行研究。乌贼骨[123]、内壳[124]、角质颚[125]和眼晶体[126]等其他硬组织也被发现具有类似的耳石生长纹结构。角质颚的大小适中，生长特征明显，同时容易保存，前处理较为便捷，因此成为头足类日龄鉴定的备选材料。Clarke最早发现强壮桑椹乌贼(*Moroteuthis ingens*)角质颚中有规律性的纹路存在[125]，20世纪90年代末期开始对角质颚的轮纹有了较为深入的研究。Raya根据实验发现，角质颚的矢状平面是观察生长纹的最佳平面，并在角质颚的表面观察了纵向轮纹(longitudinal increments)，发现了亮带(light band)和暗带(dark band)，同时对真蛸的角质颚轮纹进行了计数[127]，轮纹的宽度随着日龄的增长呈现更大的波动(图1-10)。随后有学者对在养殖条件下已知日龄的真蛸和角质颚生长纹进行对比，来验证一日一轮的规律[128]。结果在已知日龄(3~26d)的幼体中，仅48.1%的个体基本符合"一日一轮"的规律。Raya对实验方法进行了改进，将角质颚喙端部分与整体分开，单独计数，同时对喙部用紫外线(ultraviolet light)、侧壁用紫色光照(violet light)进行观察[129]，对总的计数进行观察发现，计算轮纹数与实际仍有一定的偏差，原因可能是：喙端在摄食过程中被腐蚀，对喙端矢状平面(rostrum sagittal sections，RSS)的轮纹估算量偏低。Canali等对不同季节的真蛸角质颚研究发现，其生长纹和体重呈现出三次曲线的关系，且在不同季节有着不同的纹路特点[130]。研究还发现了由于受到外界的影响而产生的标记轮(mark ring)，这一特点与耳石中的标记轮有着类似的特点[131]。Castanhari等对巴西沿岸南部的真蛸角质颚进行研究，发现样本中最大生长纹数达356轮，生长纹与胴长、体重和上脊突长的关系均符合幂函数，也认为上颚是鉴定头足类日龄简单且有效的材料[132]。根据头足类产完卵即死的特点，Perales-Raya利用角质颚对产卵后的野生真蛸进行日龄鉴定，结果发现环境温度的变化会对角质颚喙端轮纹的生成产生影响，会出现压力纹(stress mark)(图1-11)，而在死亡的前16~29d，发现有两条标记轮，这可能是由于产卵等生殖原因所造成的[133]。

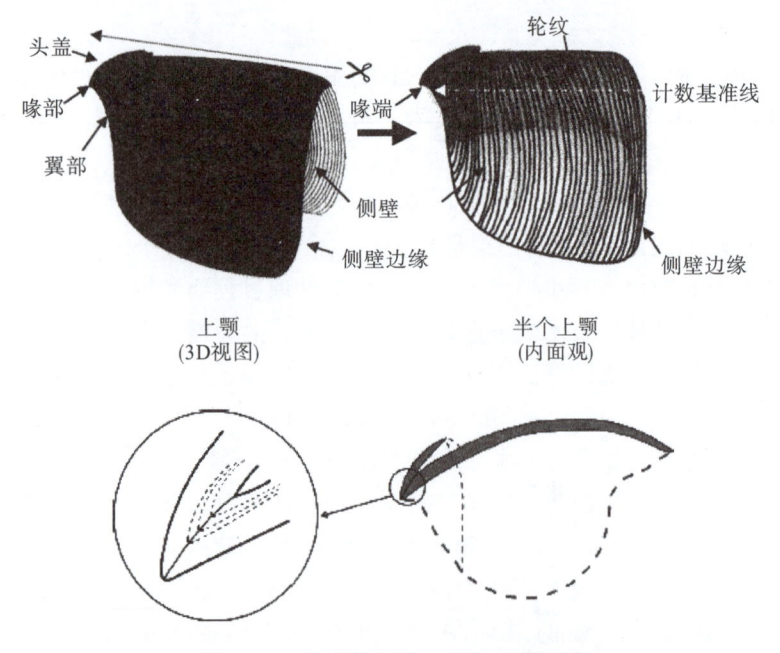

图 1-10 角质颚喙端矢状平面示意图

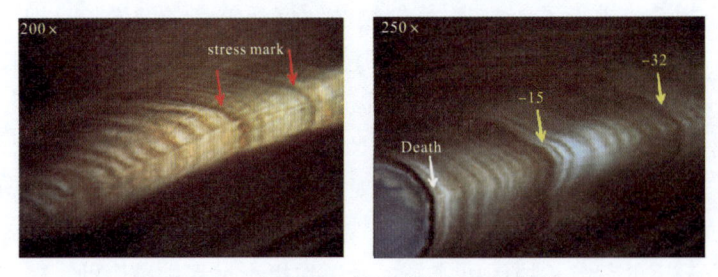

图 1-11 角质颚生长纹中的特殊性轮纹

1.2.3.5 角质颚的摄食生态学研究

由于大洋性头足类生活在离岸较远的大洋或深海中，很难获得相应的样本，因此对其生物学特性等研究极为有限。在对许多大型海洋鱼类和海洋哺乳动物的胃含物研究发现，大量未被消化的角质颚残留在胃中，保存完好，因此根据不同种类角质颚的形态进行种类鉴别和相关海域群体组成的研究也逐渐开展起来，这为大洋性头足类的生态学研究找到了一个突破口。头足类在海洋生态系统中处于承上启下的关键位置，因此它是许多大型海洋鱼类[134-136]、海洋哺乳动物[137-139]和海鸟[140,141]的重要食物组成。一般来说，头足类的群体组成具有一定的区域局限性，如在南大洋会发现有较多的科达乌贼（*Kondakovia longimana*）存在[142,143]，东太平洋地区主要为茎柔鱼（*D. gigas*）和贝氏鳔乌贼（*Gonatus berryi*）[136]，阿拉斯加海域主要是以冷水性的鳔乌贼科(Gonatidae)和小头乌贼科

(Cranchiidae)种类为主[144],因此我们可以通过角质颚特征来判断种类,推测高级捕食者的主要摄食对象。另外,通过掌握胃含物中头足类的角质颚残留情况,我们可以根据经验公式估算出某种头足类的胴长和体重,从而计算出该种头足类在该海域的大致生物量[111]。

头足类重要的生态价值使得我们需要更加深入了解其生态习性,以往通常使用传统的食性分析法对胃含物的组成进行分析。该方法的缺点在于所分析的仅能分析被捕前所摄食物,不能代表其长期的摄食习性,无法进行差异化分析,而消化程度的高低也对种类鉴别带来了一定的难度。近十年来,随着仪器设备的更新,很多新的研究方法不断涌现,稳定同位素方法就是其中的一种。稳定同位素的组成在环境中存在差异,并且因其在生物新陈代谢过程中具有复杂的分馏机制,使得生物体内的稳定同位素特征值可用于示踪物质在生态系统中的流动[145,146]。生物组织中的碳、氮稳定同位素(^{13}C、^{15}N)可提供较长期的摄食信息及食物网中的物质和能量的传递信息[147]。

Cherel和Hobson对印度洋南部凯尔盖朗群岛的捕食者(抹香鲸)的胃含物中头足类的角质颚进行了分析[148],认为角质颚中δ^{13}C较为丰富,δ^{15}N则相对较少。根据δ^{13}C认为取样的头足类在三个不同的地方生长,而δ^{15}N含量和角质颚的大小呈正相关,角质颚不同部位的δ^{15}N含量也有所不同。从喙部、侧壁至翼部,分别可以反映出头足类早期、中期和捕捞近期摄食情况的变化,并且推测在不同生长时期均处在不同的营养级,这一点在对人工养殖的乌贼(*Sepia officinalis*)角质颚的研究中得到证实[149]。并且在随后的研究中发现,较大个体的茎柔鱼有着相对较高的营养位置,同时胃含物分析法和稳定同位素分析法所得的结果有所不同[150,151],不同种类的头足类也有着不同营养级。Cherel等利用角质颚稳定同位素分析了19种深海头足类(包括大型章鱼类和鱿鱼类)的营养级水平及其结构[152],研究认为稳定同位素可以判断头足类所在的营养位置(trophic

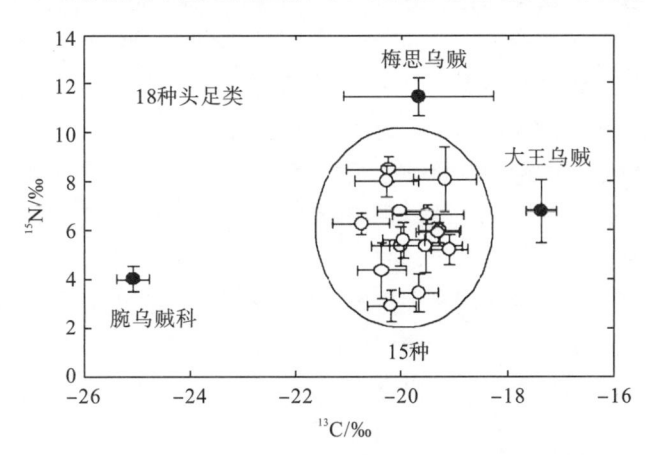

图1-12 凯尔盖朗群岛海域头足类角质颚稳定同位素的分布

position),而不是简单的营养级(trophic level)。19 种头足类中 δ^{13}C 的变化幅度为 1.7‰,这也意味着其栖息地位于相对接近或者类似的环境中;而 δ^{15}N 的变化为 4.6‰,相当于 1.5 个营养级。大多数头足类角质颚的 C/N 值较为接近,同属于大型头足类的大王乌贼(*Architeuthis dux*)和梅思乌贼(*Mesonychoteuthis hamiltoni*)则在营养级上有着较大的差别[153](图 1-12)。因此众多学者认为,头足类角质颚作为较易获取的样本,其稳定同位素的含量对重新构建头足类的摄食生态是一种非常重要的工具。

1.3 研究内容、框架和技术路线

1.3.1 研究内容和框架

角质颚隐含着丰富的生态信息。本书以柔鱼角质颚为基础,对其外部形态、微结构、色素沉着、稳定同位素和微量元素的变化进行分析,通过结合相关的统计学分析方法,更好地区分柔鱼不同群体的特征,掌握角质颚生长纹的变化规律,探究不同群体柔鱼摄食生态的差异,结合微量元素变化推测柔鱼的洄游路径。通过上述分析,创新地提出基于角质颚的大洋性柔鱼类的日龄与生长、群体组成以及生活过程的研究方法,建立一套基于角质颚的柔鱼类生态学研究技术体系。按照研究内容,本书共分为 6 章。

第 1 章首先阐明本书的研究目的和意义,并总结北太平洋柔鱼渔业生物学、角质颚研究的国内外现状以及存在的问题,为后续研究做铺垫。

第 2 章为不同群体角质颚形态差异及其种群判别分析。该章重点描述柔鱼角质颚的外部形态特征及其变化,分析不同生长阶段和不同性别间角质颚形态的变化以及与性成熟等之间的关系;结合耳石和角质颚两种硬组织的形态参数,尝试建立柔鱼不同产卵-地理群体的判别函数;利用地标点法,模拟出不同群体角质颚的形态变化,并分析其他因素对角质颚形态的影响。

第 3 章为角质颚微结构及日龄生长研究。该章依据前人关于孵化后角质颚的轮纹基本是"一日一轮"的论断,观测角质颚的微结构及其轮纹间距,对角质颚的轮纹数进行鉴别,确定其日龄,并与耳石微结构获得的日龄结果进行比较;同时,将读取的角质颚日龄应用在柔鱼的生长分析中,通过与前人研究的生长结果进行比较,探讨角质颚读取日龄应用的可行性。

第 4 章为角质颚色素沉着与摄食生态研究。该章按前人的分级标准将角质颚色素沉积过程分为 7 个等级,分析不同性别色素沉着等级与相关因子关系的差异;结合其摄食习性,探讨角质颚色素沉着与柔鱼个体及角质颚生长的关系;分析不同生长阶段角质颚中稳定同位素 δ^{13}C 和 δ^{15}N 含量及其变化；结合其摄食习性等，探讨其摄食生态及其在海洋食物网中的地位。

第 5 章为角质颚微量元素及其生活史过程推测。该章对不同角质颚区域进行打点，分析不同生活阶段角质颚微量元素种类组成、含量及其变化（包括栖息海域水质的微量元素）；结合相关的海洋环境因子，尝试推测其生活史过程及栖息环境。

第 6 章为存在的问题和展望。对本书中存在的问题进行分析，并对将来可以进行深入研究的方向进行展望。

1.3.2 技术路线

技术路线如图 1-13 所示。

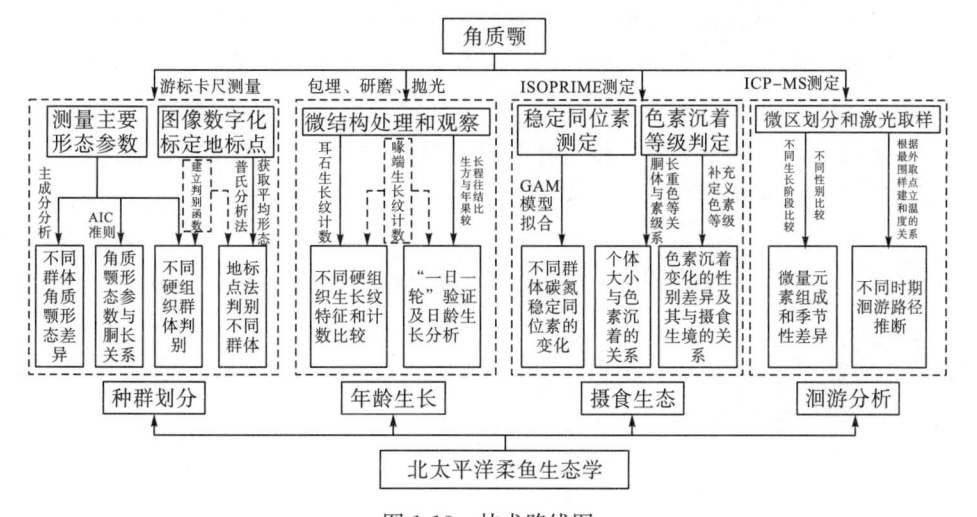

图 1-13 技术路线图

第 2 章　北太平洋柔鱼角质颚形态学研究

角质颚是头足类的重要硬组织，在头足类分类系统和种群判别中有着极为重要的作用。已有研究认为，不同头足类的角质颚外部形态各异，柔鱼科种类的上头盖、下颚侧壁较长，喙部较突出；乌贼科和蛸科种类的上喙部极短，下颚侧壁较短，翼部较长。同时，不同群体的角质颚形态也有着较大的差异，这种不同形态特点也主要由其摄食行为和摄食偏好决定。目前，人们难以通过外形直接观察北太平洋柔鱼不同群体的特点，因此角质颚的形态给我们提供了一个良好的分析途径，对科学掌握柔鱼基础生物学有着重要的作用。但仅仅从肉眼上同样很难分辨出不同群体柔鱼角质颚形态的差异。为此，本章通过分析不同群体柔鱼角质颚的形态差异，找出差异的主要部位，分析性成熟对角质颚形态的影响；利用多种硬组织形态参数结合的方式，提高种群判别的正确率，同时探索地标点法在柔鱼角质颚形态重建和种群判别上的应用。

2.1　不同群体柔鱼角质颚形态差异分析

2.1.1　材料与方法

2.1.1.1　采集时间和范围

柔鱼样本采集时间为 2011 年 5～11 月，其中 170°E 以西海域采样时间在 5～6 月，生产海域为 38°36′～39°26′N、170°09′E～177°30′W，共 18 个站点累计采集 395 尾(雌性 242 尾，雄性 153 尾)；170°E 以东海域采样时间在 7～11 月，生产海域为 38°36′～43°08′N、150°25′～166°56′E(如图 2-1 所示，作图方法见附录 1)，共 13 个站点累计采集 201 尾(雌性 162 尾，雄性 39 尾)，共计 31 个站点 596 尾。所获得的样本经冷冻保藏运回实验室。

2.1.1.2　角质颚采集

从所采集的 596 尾柔鱼样本的头部口器中提取角质颚，最后得到完整的角质颚样本 467 对。对取出的角质颚进行编号并存放于盛有 75% 乙醇溶液的 50mL 离心管中，以便清除包裹角质颚表面的有机物质。

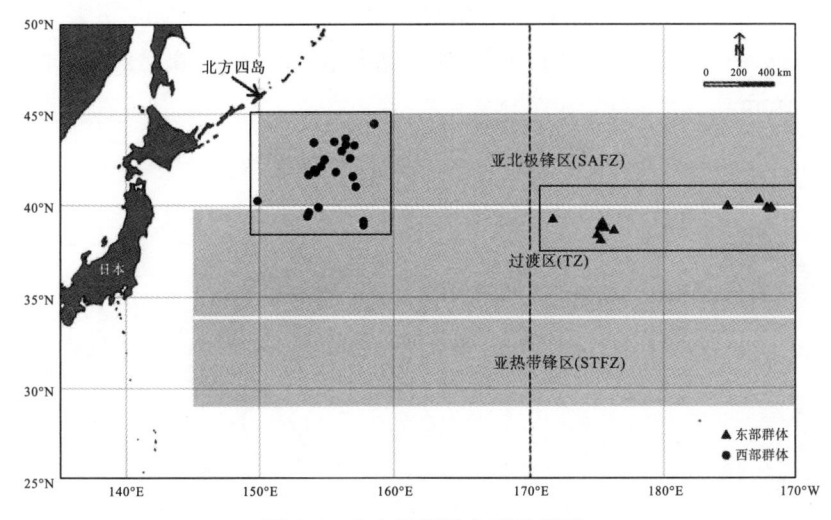

图 2-1　北太平洋柔鱼采样范围

2.1.1.3　群体划分

将获得的渔获按照不同地理群体进行划分，在 170°E 以东范围内主要为东部群体(eastern stock)，170°E 以西范围内主要为西部群体(western stock)。同时结合鱿钓船捕捞的时间和柔鱼个体大小，共获得西部群体角质颚样本 302 对，其中雌性 192 对，雄性 110 对；东部群体角质颚样本 165 对，其中雌性 154 对，雄性 11 对。

2.1.1.4　基础生物学测量

样本运回实验室解冻后，对柔鱼进行生物学测定，包括胴长(mantel length，ML)、体重(body weight，BW)、性别、性腺成熟度等。测量胴长用皮尺进行，测定精确至 1mm，测定重量用电子天平进行，精确至 0.1g。根据 Lipinski 等将性成熟度划分Ⅰ、Ⅱ、Ⅲ、Ⅳ、Ⅴ五期[154]，同时确认性未成熟(Ⅰ、Ⅱ期)、性成熟(Ⅲ、Ⅳ期)、繁殖后(雄性为交配后，雌性为产卵后)(Ⅴ期)三个等级。

2.1.1.5　角质颚外形测量

将角质颚外部清洗干净后，用数显游标卡尺进行测量。首先沿水平和垂直两个方向进行校准，然后对角质颚的上头盖长(upper hood length，UHL)、上脊突长(upper crest length，UCL)、上喙长(upper rostrum length，URL)、上喙宽(upper rostrum width，URW)、上侧壁长(upper lateral wall length，ULWL)、上翼长(upper wing length，UWL)、下头盖长(lower hood length，LHL)、下脊

突长(lower crest length，LCL)、下喙长(lower rostrum length，LRL)、下喙宽(lower rostrum width，LRW)、下侧壁长(lower lateral wall length，LLWL)、下翼长(lower wing length，LWL)12项形态参数进行测量(图2-2)，测量结果精确至0.01mm。

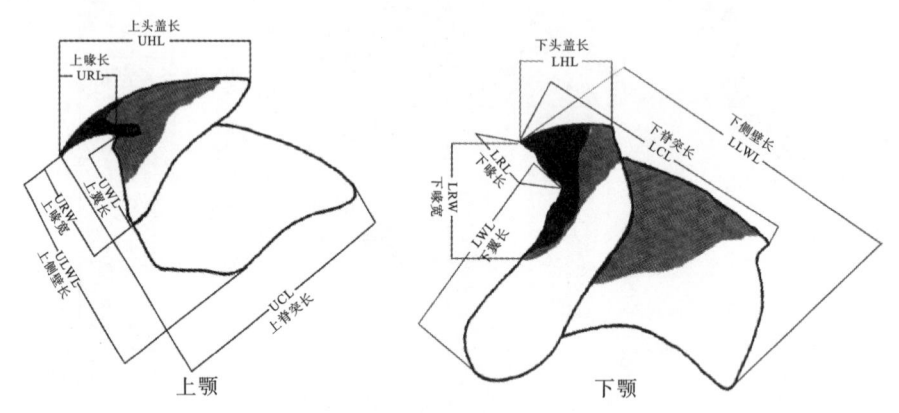

图2-2 角质颚外部形态测量示意图

2.1.1.6 数据处理方法

(1)胴长体重频度组成。采用频度分析法分析渔获物胴长及体重组成，组间距分别为40mm和400g。同时拟合出不同群体柔鱼胴长和体重的关系。

(2)角质颚参数与胴长体重关系。将不同群体角质颚各项外部形态与胴长、体重之间的关系进行拟合，把相关系数较高的形态数据与胴长、体重建立关系，拟合出相应的曲线，找出角质颚生长变化的规律。

(3)标准化参数。为校正样品规格差异对形态参数值的影响，将其形态参数均除以胴长，即UHL/ML、UCL/ML、URL/ML、URW/ML、ULWL/ML、UWL/ML、LHL/ML、LCL/ML、LRL/ML、LRW/ML、LLWL/ML、LWL/ML等12个指标，以便进行后续各项分析。

(4)主成分分析。采用主成分分析法，对不同群体及性别对角质颚的形态参数进行分析。将原始数据进行标准化处理，然后计算样本矩阵的相关系数矩阵，求出特征方程$|R-\lambda I|=0$的p个非负的特征值$\lambda_1 > \lambda_2 > \cdots > \lambda_p \geq 0$。为起到筛选因子的作用，选取前面$m(m<p)$个主分量$Z_1, Z_2, \cdots, Z_m$为第1, 2, $\cdots$, m个主分量，当这m个主分量的方差和占全部总方差的80%以上，基本上保留了原来绝大部分因子的信息，即选取$Z_1, Z_2, \cdots, Z_m$作为主要因子[155]。

(5)数据检验。运用Levene's法进行方差齐性检验法，分别对不同性别、不同群体柔鱼角质颚的12个外部形态数据进行均数差异性(t)检验，不满足齐性方差时对数据进行反正弦或者平方根处理[156]，从而分析性别和群体间角质颚在外形形态上的差异[157]。

(6) 不同组间差异分析。运用方差分析(ANOVA)针对不同胴长组(划分为<250mm、250~300mm、300~350mm、350~400mm 和>400mm 五个胴长组)及不同性成熟度,对不同柔鱼群体的角质颚各项参数值进行差异性检验。对于存在极显著性差异($P<0.01$)的采用 LSD 法进一步进行组间多重比较[157],以便分析不同因子对角质颚生长的影响。

所有统计分析采用 SPSS statistics 17.0 软件进行。

2.1.2 结果

2.1.2.1 渔获物胴长与体重组成

分别对同一群体不同性别的胴长、体重和角质颚的各项形态参数进行均数 t 检验,结果发现雌、雄个体均存在着极显著的差异($P<0.01$),因此将雌雄个体分开进行讨论分析。

统计表明,东部群体雌性个体胴长、体重分别为 223~445mm、317.3~2746.8g,对应的优势胴长和体重分别为 360~440mm、800~2000g,分别占总数的 75.32%、83.77%;雄性胴长、体重分别为 211~272mm、234.4~494.9g,对应的优势胴长和体重分别为 240~280mm、400~800g,均占总数的 54.55%。西部群体中雌性个体胴长、体重分别为 187~437mm、241.4~2768.1g,对应的优势胴长、体重分别为 240~360mm、400~1600g,分别占总数的 82.81%、87.50%;雄性个体胴长、体重分别为 165~395mm、178.6~1170.4g,对应的优势胴长、体重分别为 240~320mm、400~800g,分别占总数的 82.27%、81.81%。东部群体个体较大,西部群体雄性个体较东部群体多(图 2-3)。

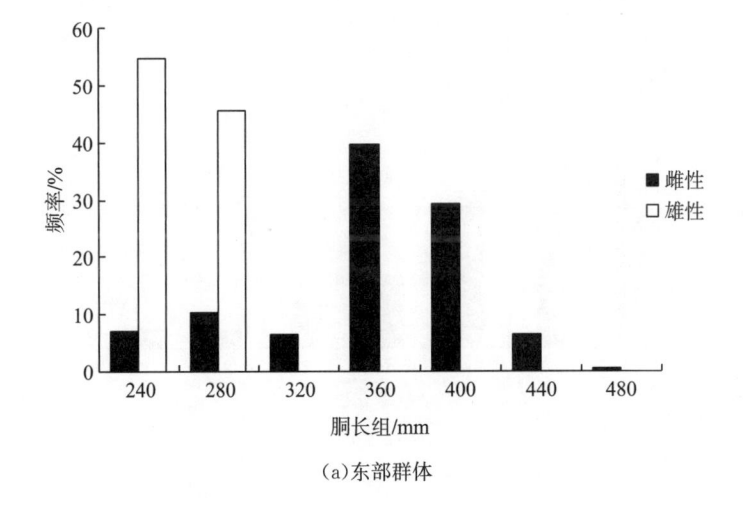

(a) 东部群体

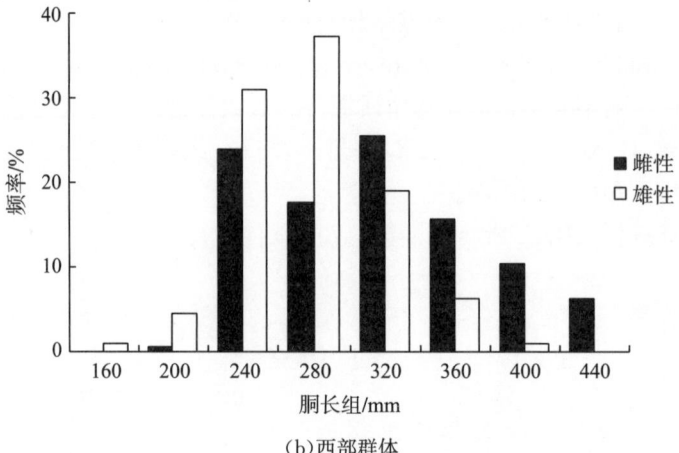

(b)西部群体

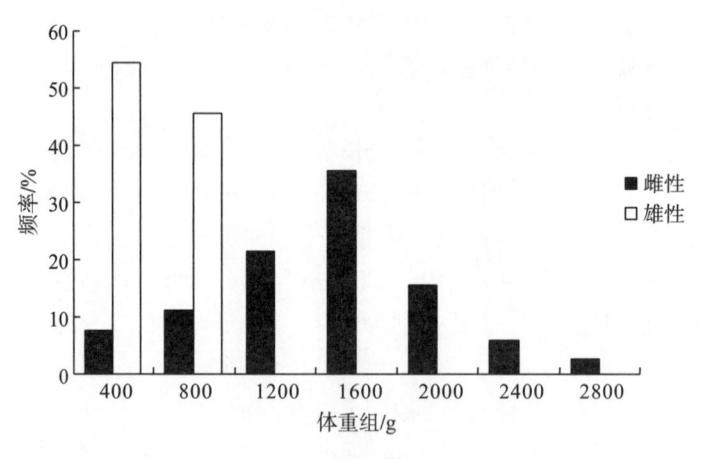

(c)东部群体

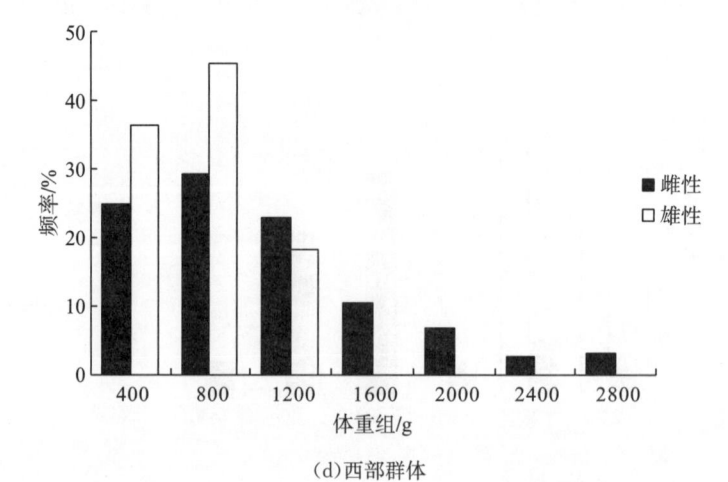

(d)西部群体

图 2-3 柔鱼胴长与体重大小组成分布图

经拟合后发现，胴长和体重的关系符合幂函数曲线［图2-4(a)、(b)］，且关系显著($P<0.01$)。

(a)东部群体

(b)西部群体

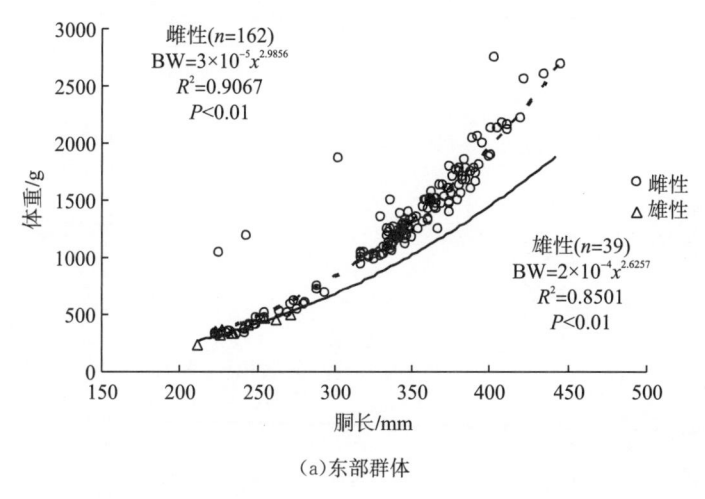

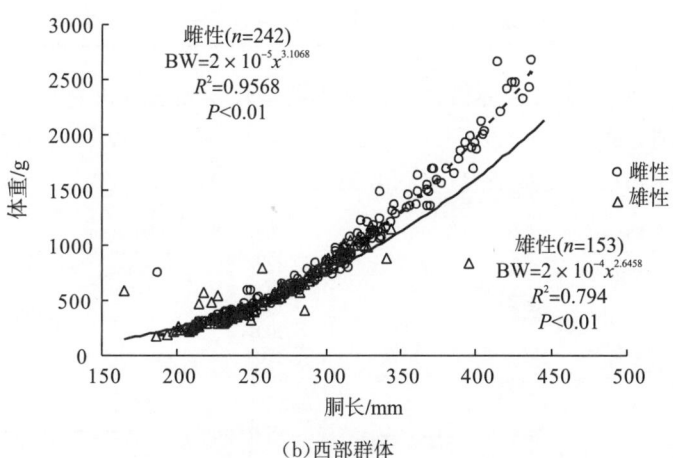

图 2-4 不同群体柔鱼胴长与体重关系示意图

注：图中虚线表示雌性曲线，实线表示雄性曲线

2.1.2.2 角质颚外部形态参数及其与胴长、体重的关系

统计分析表明，东部群体和西部群体雌性个体的角质颚形态参数均值大于雄性，且东部群体的差距要大于西部群体(表 2-1)。

表 2-1 两个柔鱼群体角质颚形态参数均值

形态指标	雌性/mm		雄性/mm	
	东部群体	西部群体	东部群体	西部群体
上头盖长 UHL	25.65	21.70	17.00	18.80

续表

形态指标	雌性/mm 东部群体	雌性/mm 西部群体	雄性/mm 东部群体	雄性/mm 西部群体
上脊突长 UCL	31.70	26.89	21.29	23.11
上喙长 URL	8.46	7.12	5.68	6.35
上喙宽 URW	7.39	6.24	5.40	5.56
上侧壁长 ULWL	27.00	23.09	18.46	20.05
上翼长 UWL	8.58	7.14	6.03	6.02
下头盖长 LHL	8.87	7.28	5.74	6.21
下脊突长 LCL	17.41	14.47	11.65	12.45
下喙长 LRL	7.88	6.47	5.64	5.68
下喙宽 LRW	7.59	6.32	5.43	5.55
下侧壁长 LLWL	23.35	19.80	15.91	17.12
下翼长 LWL	13.42	11.32	9.16	9.77

经拟合发现（除东部群体雄性个体样本数量较少无法分析外），柔鱼角质颚外形4个参数值，即UHL、UCL、LCL、LWL与ML、BW存在显著的相关性，分别可用线性和指数关系来表达（图2-5；$P<0.01$）。

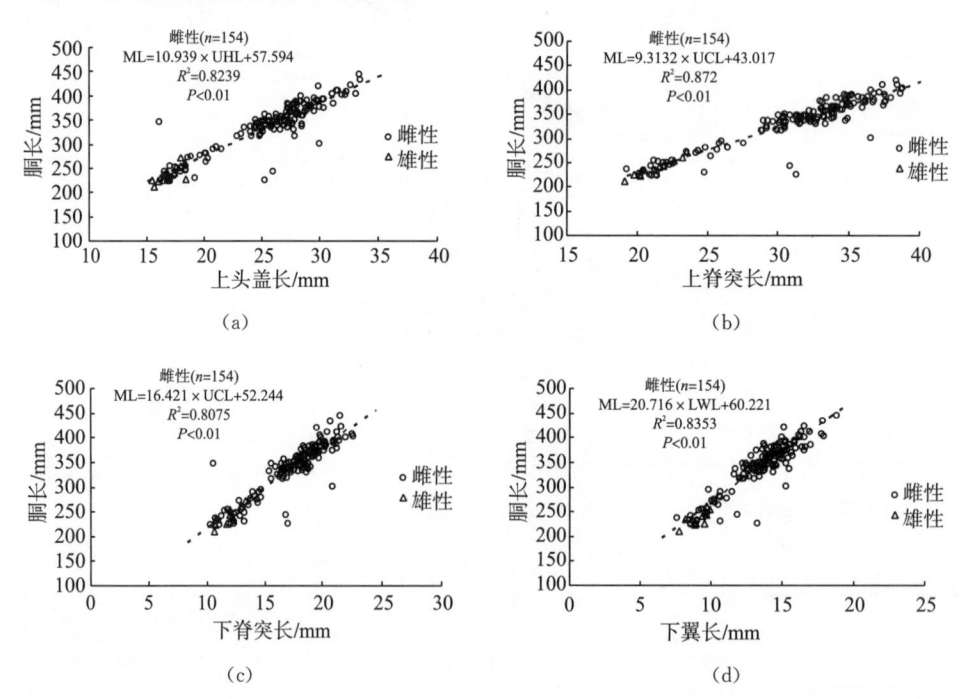

(a) 雌性($n=154$)
$ML=10.939 \times UHL+57.594$
$R^2=0.8239$
$P<0.01$

(b) 雌性($n=154$)
$ML=9.3132 \times UCL+43.017$
$R^2=0.872$
$P<0.01$

(c) 雌性($n=154$)
$ML=16.421 \times UCL+52.244$
$R^2=0.8075$
$P<0.01$

(d) 雌性($n=154$)
$ML=20.716 \times LWL+60.221$
$R^2=0.8353$
$P<0.01$

(e) 雌性(n=154), BW=59.21e^{0.1154UHL}, $R^2=0.8985$, $P<0.01$

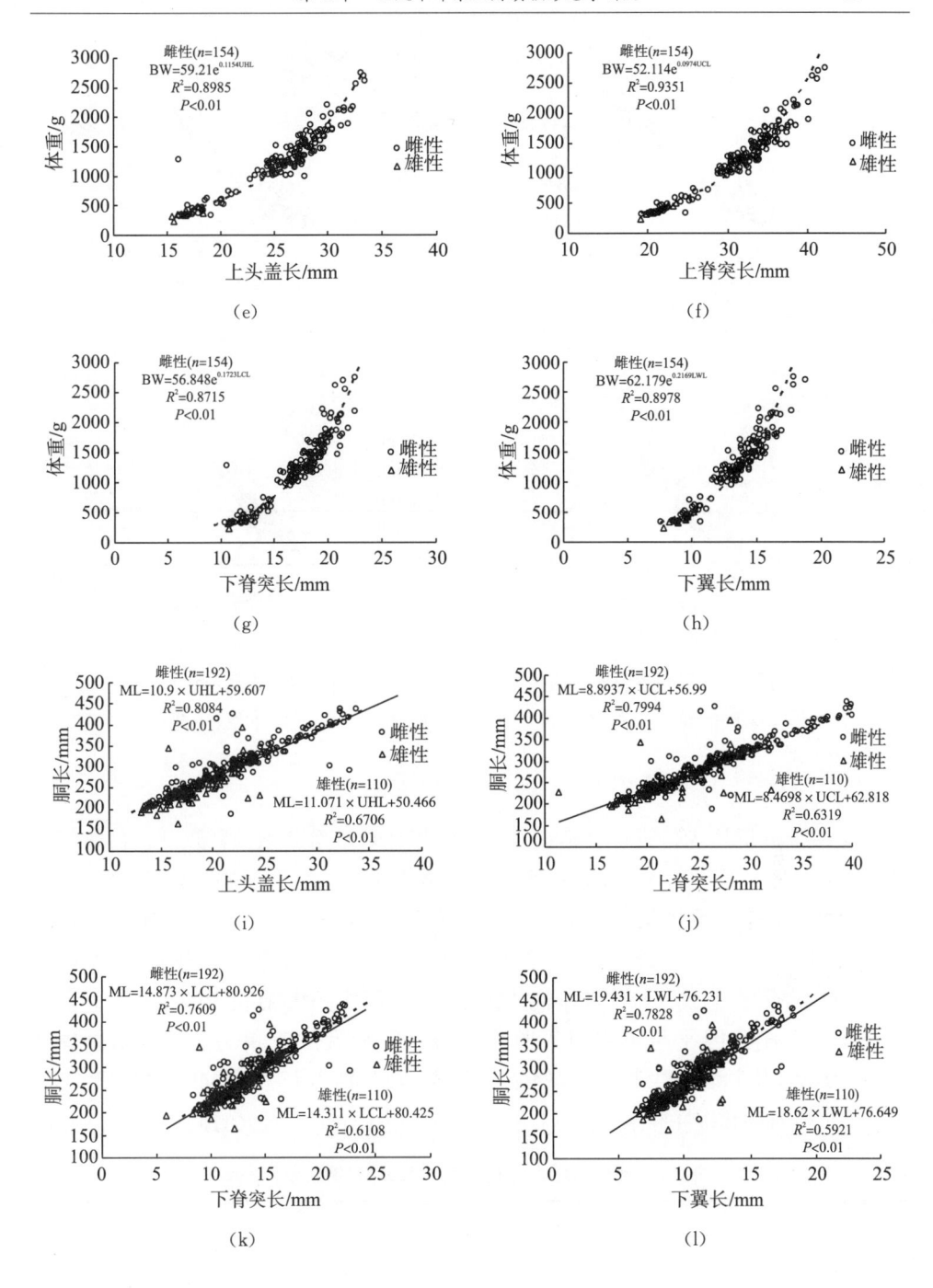

(f) 雌性(n=154), BW=52.114e^{0.0974UCL}, $R^2=0.9351$, $P<0.01$

(g) 雌性(n=154), BW=56.848e^{0.1723LCL}, $R^2=0.8715$, $P<0.01$

(h) 雌性(n=154), BW=62.179e^{0.2169LWL}, $R^2=0.8978$, $P<0.01$

(i) 雌性(n=192), ML=10.9×UHL+59.607, $R^2=0.8084$, $P<0.01$; 雄性(n=110), ML=11.071×UHL+50.466, $R^2=0.6706$, $P<0.01$

(j) 雌性(n=192), ML=8.8937×UCL+56.99, $R^2=0.7994$, $P<0.01$; 雄性(n=110), ML=8.4698×UCL+62.818, $R^2=0.6319$, $P<0.01$

(k) 雌性(n=192), ML=14.873×LCL+80.926, $R^2=0.7609$, $P<0.01$; 雄性(n=110), ML=14.311×LCL+80.425, $R^2=0.6108$, $P<0.01$

(l) 雌性(n=192), ML=19.431×LWL+76.231, $R^2=0.7828$, $P<0.01$; 雄性(n=110), ML=18.62×LWL+76.649, $R^2=0.5921$, $P<0.01$

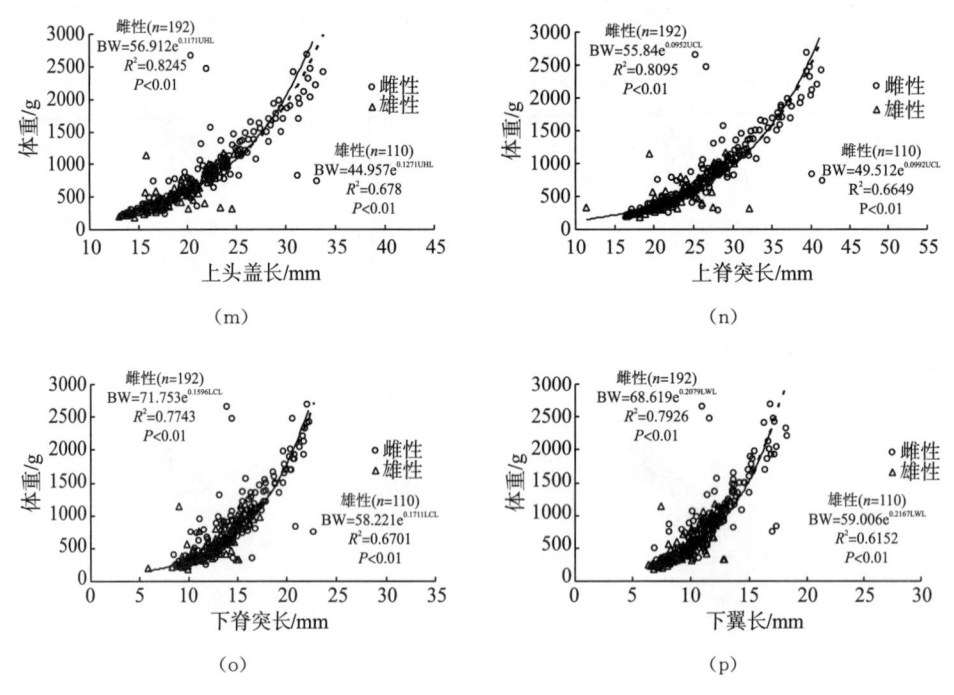

图 2-5　不同柔鱼群体的角质颚形态参数与胴长、体重关系示意图

(a)~(h)为东部群体，(i)~(p)西部群体；图中虚线表示雌性曲线，实线表示雄性曲线

2.1.2.3　主成分分析

主成分分析认为，第一、第二主成分的累计贡献率分别为：东部群体雌性个体为93.01%，雄性为87.83%；西部群体雌性为96.32%，雄性为92.46%。从表2-2可知，东部群体第一主成分因子与角质颚各形态值均存在有较大的正相关，载荷系数均在0.28~0.3，其中雌性和雄性群体的最大载荷系数均为UCL/ML；第二主成分雌性和雄性群体也均与UWL/ML有较大的正相关。西部群体第一主成分因子与角质颚各形态值均存在较大的正相关，载荷系数均在0.28~0.3，其中雌性和雄性群体的最大载荷系数分别为ULWL/ML和LLWL/ML；第二主成分雌性和雄性群体分别与URW/ML和LRL/ML有较大的正相关。

表 2-2　两个柔鱼群体角质颚形态参数的主成分分析

形态参数值	东部群体				西部群体			
	因子1		因子2		因子3		因子4	
	♀	♂	♀	♂	♀	♂	♀	♂
上头盖长/胴长	0.2935	0.3044	−0.0101	−0.2464	0.2923	0.2958	−0.278	−0.2977
上脊突长/胴长	0.2993*	0.3239*	0.005	0.1028	0.292	0.2917	−0.2488	−0.2225
上喙长/胴长	0.2837	0.2843	0.0163	−0.3664	0.2881	0.2855	0.1934	0.013

续表

形态参数值	东部群体				西部群体			
	因子1		因子2		因子3		因子4	
	♀	♂	♀	♂	♀	♂	♀	♂
上喙宽/胴长	0.2922	0.2622	0.0976	−0.4385	0.2809	0.2851	0.6167*	0.3015
上侧壁长/胴长	0.2874	0.3167	−0.0453	0.0353	0.2937*	0.2979	−0.2129	−0.226
上翼长/胴长	0.2687	0.2416	0.7318*	0.4873*	0.2845	0.2813	0.0712	0.2706
下头盖长/胴长	0.2708	0.2852	−0.6502	−0.3456	0.2833	0.2768	−0.1809	−0.3343
下脊突长/胴长	0.2923	0.3159	−0.142	0.202	0.2895	0.296	−0.1742	−0.0789
下喙长/胴长	0.292	0.2685	−0.0361	0.2663	0.2884	0.2796	0.3418	0.5351*
下喙宽/胴长	0.2934	0.2701	−0.0267	0.302	0.2888	0.2853	0.3393	0.4254
下侧壁长/胴长	0.2966	0.2981	−0.0144	−0.113	0.2933	0.2994*	−0.1915	−0.1385
下翼长/胴长	0.2923	0.2814	0.0855	0.1681	0.2891	0.2888	−0.2471	−0.205
特征值	10.8981	9.0854	0.2646	1.4555	11.3534	10.693	0.205	0.4028
百分率 %	90.8177	75.7117	2.2053	12.1295	94.6113	89.1081	1.7082	3.3563

注：*为各主成分中负载绝对值最高的指标

2.1.2.4 不同群体、不同胴长组的角质颚形态值差异比较

将不同群体同一性别的角质颚外形数据进行均数差异性 t 检验，发现不同群体的雌性个体在角质颚的各项形态参数上均表现出显著性差异（$P<0.01$），而雄性个体角质颚形态参数的各项指标差异均不显著（$P>0.05$）。

方差分析（ANOVA）表明，东部群体和西部群体雌性个体不同胴长组间的各项角质颚形态参数变化均存在极显著差异（$P<0.01$）。应用多重比较分析（LSD）进一步分析发现，东部群体雌性个体角质颚参数 UHL/ML、URL/ML、LHL/ML、LRW/ML 在胴长组<250mm 和 250～300mm 不存在差异（$P>0.05$）（因东部群体雄性个体样本数量较少无法分析），但西部群体雌性、雄性的各项角质颚形态参数在不同胴长组之间均存在显著差异（$P<0.01$）。

2.1.2.5 性成熟度与不同柔鱼群体角质颚形态参数的关系

西部群体雌性样本性成熟度均在Ⅰ—Ⅲ，其所占比例分别为 11.04%、35.06%、53.90%，雄性样本性成熟度在Ⅰ—Ⅳ，其所占比例分别为 48.82%、22.73%、31.82%、3.64%。东部群体的雌、雄样本性成熟度都在Ⅰ—Ⅲ，其中雌性样本各期所占比例分别为 20.83%、63.54%、15.63%，雄性为 27.27%、63.64%、9.09%。

除了东部群体中雄性样本偏少无法进行分析外，ANOVA 分析认为，东部群体雌性个体以及西部群体雌、雄个体不同性成熟度间的各角质颚形态参数均存在

显著差异（$P<0.01$）。LSD 分析也同样表明，西部群体雌性个体和东部群体雌、雄个体的各项角质颚形态参数在性成熟度Ⅰ期与Ⅱ期、Ⅱ期与Ⅲ期、Ⅰ期与Ⅲ期均存在显著差异（$P<0.05$）（图 2-6）。

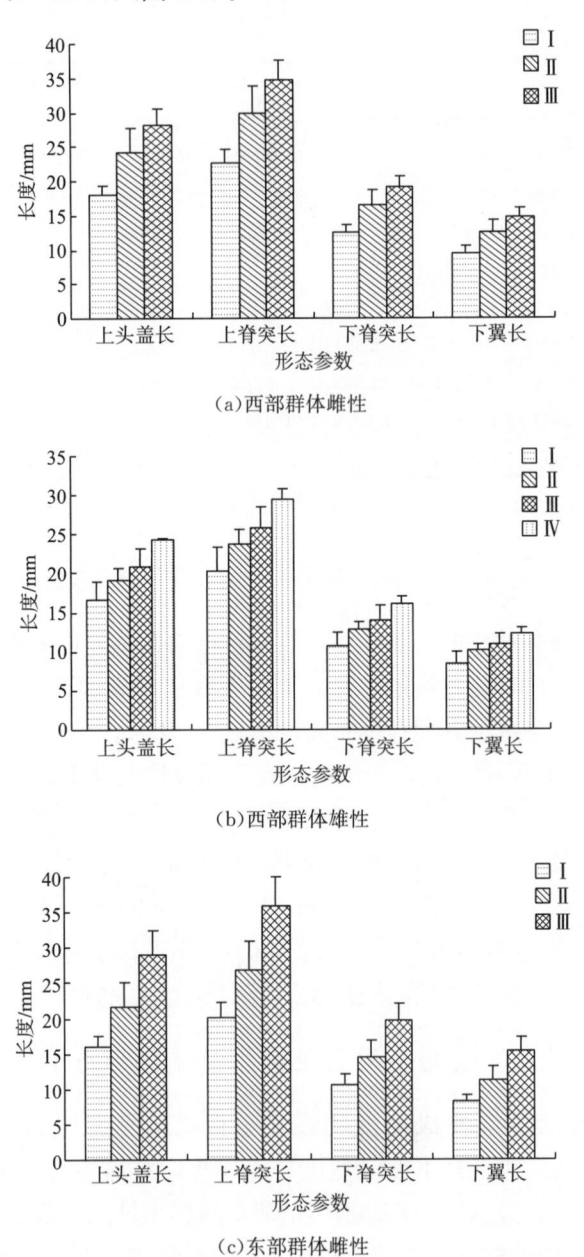

(a) 西部群体雌性

(b) 西部群体雄性

(c) 东部群体雌性

图 2-6 不同柔鱼群体角质颚形态参数与性腺成熟度关系

对不同群体同一性成熟度雌性柔鱼个体的角质颚形态参数分析发现，性成熟度为Ⅰ期和Ⅱ期时，两个群体角质颚各项指标均存在极显著差异（$P<0.01$），而

性成熟度Ⅲ期时角质颚各项指标均不存在差异($P>0.05$)。

2.2 不同硬组织对柔鱼群体判别结果差异分析

2.2.1 材料与方法

2.2.1.1 采集时间和范围

柔鱼样本采集时间为 2010~2011 年 5~11 月，采样区域为 150°E~177°W、38°~44°N，在 30 个站点共采集样本 570 尾(表 2-3)。所获得的样本经冷冻保藏运回实验室。群体划分方法根据文献[27]。

表 2-3 北太平洋两个群体柔鱼采样站点

群体组成	采样时间	纬度	经度	样本数	性别(雌, 雄)	胴长/mm
东部群体	2010 年 6 月	39°48′~40°09′N	171°52′E~175°29′W	71	11, 60	212~375
	2011 年 5~6 月	38°42′~39°20′N	172°11′E~177°30′W	23	21, 2	226~411
	2011 年 5~7 月	39°02′~40°21′N	174°52′E~179°58′W	91	86, 5	219~483
西部群体	2011 年 7~10 月	38°42′~39°20′N	151°23′~159°25′E	173	100, 73	173~452
	2011 年 8~11 月	40°58′~43°21′N	150°21′~156°08′E	47	34, 13	208~363

2.2.1.2 角质颚和耳石的提取与测量

样本运回实验室解冻后，对柔鱼进行生物学测定，包括胴长(mantel length, ML)和性别。测量胴长用皮尺进行，测定精确至 1mm。根据 Lipinski 等用肉眼划分雌雄个体[154]。耳石的提取根据文献[158]，角质颚的提取方法根据文献[159]。最后提取出 406 对耳石和角质颚(东部群体为 185 对，西部群体为 220 对)，所有的耳石和角质颚均一一对应，即所有个体均取出完整的一对耳石和一对角质颚。为清除包裹角质颚表面的黏液和有机物质，耳石提取出后均存放于盛有 95%乙醇溶液的 1.5mL 离心管中；角质颚进行编号后存放于盛有 75%乙醇溶液的 50mL 离心管中。

首先对耳石长度进行测量。将耳石置于 Olympus 光学显微镜×40(物镜×4；目镜×10)倍下用 CCD 拍照，然后使用 WT-Tiger3000 图像分析软件，先沿水平和垂直两个方向进行校准，之后分别测量以下 9 个耳石形态参数值：耳石总长（total statolith length，TSL）、最大宽度（maximum width，MW）、背区长（dorsal dome length，DDL）、侧区长（lateral dome length，LDL）、背侧区长（dorsal lateral length，DLL）、吻侧区长（rostrum lateral length，RLL）、吻区游离端长（rostrum length，RL）、吻区宽（rostrum width，RW）、翼区长（wing length，WL）(图 2-7)。测量结果精确至 0.01 μm，测量由 2 人独立进行，若两者测量的误差超过 5%，则重新测量，否则取它们的平均值[160,161]。

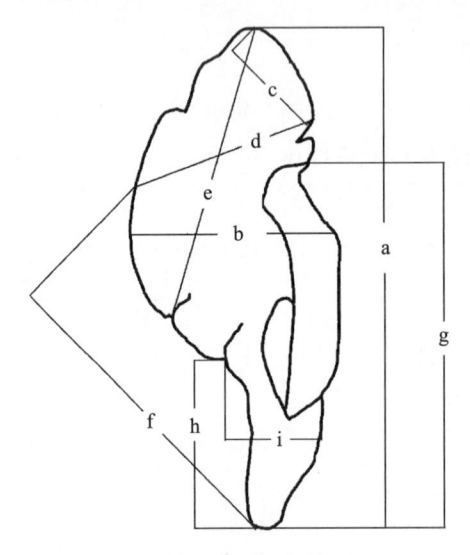

图 2-7　耳石外部形态测量示意图

a. 耳石总长（TSL）；b. 最大宽度（MW）；c. 背区长（DDL）；d. 背侧区长（DLL）；e. 侧区长（LDL）；f. 吻侧区长（RLL）；g. 翼区长（WL）；h. 吻区游离端长（RL）；i. 吻区宽（RW）

角质颚测量如图 2-5 所示。

2.2.1.3　数据处理方法

(1)对所有的角质颚及耳石参数值进行检验。经过检验后发现，所有的参数值均符合正态分布（Kolmogorov-Smirnov test，$P>0.05$），然后对不同的群体和不同的性别的形态参数值进行 t 检验，比较差异。

(2)考虑到异速生长的影响[162-164]，所有的数据均先进行标准化处理，处理具体方法根据文献［165］来进行。该方法已经被证实可靠且应用在相关的研究中[108,116,166]。耳石全长（TSL）和上头盖长（UHL）作为自变量分别来对其他的耳石和角质颚参数进行标准化[108]。标准化后的形态参数在原参数名后加上一个小写"s"，如 MWs、DDLs、LDLs、DLLs、RLLs、RLs、RWs、WLs 或 UCLs、URLs、ULWLs、UWLs、LHLs、LCLs、LRLs、LLWLs 和 LWLs。

(3)用逐步判别分析法（stepwise discriminant analysis，SDA），根据三种不同的

材料组合(仅用角质颚、仅用耳石、角质颚和耳石结合)来选择主要的标准化后的形态参数值[167]($P<0.05$),然后根据不同的组合来建立判别函数。最后,运用弃一法交叉验证法(leave-one-out cross-validation,也称为折叠再分类法 Jackknife method)来确定两个群体的分类在不同硬组织材料组合情况下的判别正确率。

2.2.2 结果

2.2.2.1 不同群体和性别的硬组织形态参数

两个不同群体的耳石与角质颚的形态参数见表 2-4 和表 2-5。东部群体角质颚参数在不同性别上的差异显著($P<0.05$)。西部群体除了上翼长外($P>0.05$),其他的角质颚参数均存在差异($P<0.05$)。雌雄二态性在东部群体的耳石参数上表现很明显($P<0.05$),但是 t 检验发现在西部群体中雌雄之间耳石形态无差异($P<0.05$)。以上结果可以发现,从雌雄差异来看,东部群体的差异明显大于西部群体间的差异(表 2-4 和表 2-5)。

对于给定的性别,不同群体在不同硬组织中表现出不同的模式。雌性个体在不同群体中角质颚形态差异极显著(t 检验,$P<0.01$),但是雄性个体除了上头盖长(UHL)、上翼长(UWL)和下喙宽(LRW)外,其他参数在不同群体间不存在差异($P<0.05$)。在耳石形态中,背区长(DDL)和翼长(WL)在雄性个体中没有差异($P>0.05$),其他参数均存在差异($P<0.05$)(表 2-4 和表 2-5)。

表 2-4 北太平洋群体柔鱼角质颚形态参数(t 检验)

参数	东部群体 ES/mm 雌性	东部群体 ES/mm 雄性	P 值	西部群体 WS/mm 雌性	西部群体 WS/mm 雄性	P 值	P 值(雌性差异)	P 值(雄性差异)
UHL	24.76±5.15	17.16±0.86	***	19.01±4.05	17.80±2.56	***	***	***
UCL	30.42±6.24	21.11±1.09	***	23.13±4.96	21.45±3.22	***	***	ns
URL	8.00±1.76	5.87±1.55	***	6.27±1.35	5.94±0.94	***	***	ns
URW	7.02±1.41	4.78±0.48	***	5.14±1.22	4.68±0.80	***	***	ns
ULWL	26.52±5.35	18.15±1.43	***	20.02±4.29	18.53±2.85	***	***	ns
UWL	8.23±1.70	6.40±0.92	***	6.09±1.44	5.99±0.99	ns	***	***
LHL	7.97±1.64	5.91±0.50	***	6.33±1.30	5.87±0.71	***	***	ns
LCL	15.43±3.37	10.90±0.85	***	12.35±3.17	10.99±1.84	***	***	ns
LRL	7.23±1.46	5.34±0.85	***	5.46±1.28	5.08±0.89	***	***	ns
LRW	7.31±1.50	5.28±0.79	***	5.40±1.25	5.00±0.71	***	***	***
LLWL	22.83±4.59	15.42±0.95	***	16.98±3.81	15.54±2.74	***	***	ns
LWL	13.13±2.71	9.15±0.66	***	9.84±2.33	9.22±1.46	***	***	ns

注: *** 表明差异显著;ns 表明差异不显著

表 2-5　北太平洋群体柔鱼耳石形态参数（t 检验）

参数	东部群体 ES/mm 雌性	东部群体 ES/mm 雄性	P 值	西部群体 WS/mm 雌性	西部群体 WS/mm 雄性	P 值	P 值（雌性差异）	P 值（雄性差异）
TSL	1446.44±126.76	1272.02±58.51	***	1260.71±107.13	1248.79±76.41	ns	***	***
MW	844.75±96.23	745.62±39.20	***	724.92±82.89	717.53±76.07	ns	***	***
DDL	601.04±94.41	548.32±70.18	***	550.14±86.05	540.142±92.63	ns	***	ns
DLL	651.57±115.43	515.99±72.88	***	575.90±117.82	555.96±121.70	ns	***	***
LDL	866.25±105.53	740.12±63.13	***	719.50±75.55	711.53±65.48	ns	***	***
RLL	872.40±114.00	774.33±73.05	***	802.65±109.54	816.26±99.29	ns	***	***
RL	447.53±57.71	386.66±41.72	***	418.36±53.86	414.37±46.41	ns	***	***
RW	232.89±33.47	212.50±27.05	***	187.87±34.19	187.10±32.44	ns	***	***
WL	1123.73±112.01	1017.86±59.64	***	1008.41±103.69	1000.45±74.22	ns	***	ns

注：*** 表明差异显著；ns 表明差异不显著

2.2.2.2　标准化后的角质颚参数的判别分析

根据不同的地理分布和性别，将柔鱼样本分为四类：雌性东部群体（E-F）、雄性东部群体（E-M）、雌性西部群体（W-F）、雄性西部群体（W-M）。首先角质颚被选为唯一的判别材料。逐步判别分析结果认为，六个参数值可以表达四个类别的形态特征（URWs、UWLs、LCLs、ULWLs、LRWs、URLs）。Wilks' λ 值为 0.419～0.551（表 2-6）。三个因子方程可以有效地区分四个类别，从高到低分别解释了整体的 82.1%、15.6% 和 2.3%。除了西部的雌性个体较容易区分外，第一因子中的其他类别均有样本重叠（图 2-8）。判别正确率分别为：雄性西部群体（W-M）为 36.0%，雌性西部群体（W-F）为 43.6%，雄性东部群体（E-M）为 68.7%，雌性东部群体（E-F）为 74.6%（表 2-6）。判别方程的参数见表 2-7。

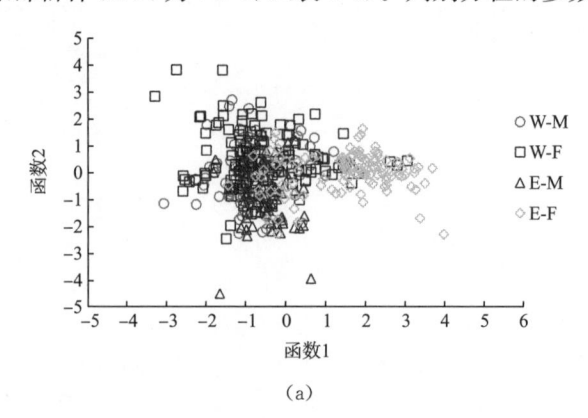

(a)

(b)

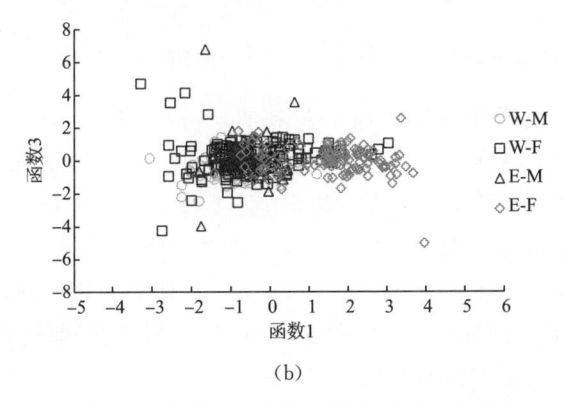

图 2-8 角质颚作为唯一材料的判别散点图

表 2-6 以角质颚作为唯一材料的判别分析结果

步骤	参数	F 值	Wilks' λ	$df\ 1$	$df\ 2$	P 值
1	URWs	108.583	0.551	3	400	<0.001
2	UWLs	51.138	0.522	6	798	<0.001
3	LCLs	39.256	0.469	9	969	<0.001
4	ULWLs	30.997	0.448	12	1051	<0.001
5	LRWs	25.828	0.433	15	1094	<0.001
6	URLs	22.366	0.419	18	1118	<0.001

| 群组 | 分类样本 |||| 初始/% | 交互验证/% |
	西部雄性 W-M	西部雌性 W-F	东部雄性 E-M	东部雌性 E-F		
W-M	33	29	20	4	38.4	36.0
W-F	32	59	21	21	44.4	43.6
E-M	8	12	47	0	70.1	68.7
E-F	6	10	14	88	74.6	74.6
Total	86	133	67	118	56.9	55.7

表 2-7 以角质颚作为唯一材料的判别方程参数

形态参数	西部雄性	西部雌性	东部雄性	东部雌性
URLs	−8.442	−9.151	−12.161	−13.027
URWs	−62.884	−61.306	−59.247	−53.328
ULWLs	217.729	216.815	209.660	220.197
UWLs	−16.961	−20.450	−12.756	−17.187
LCLs	−21.760	−17.860	−22.924	−28.883
LRWs	−72.472	−72.042	−66.745	−66.229
常量	−207.284	−211.796	−198.656	−232.122

2.2.2.3 标准化后耳石参数的判别分析

当利用耳石作为种群判别的唯一材料时,分析结果发现,5个耳石形态值(RLs、LDLs、RLLs、RWs、WLs)被选为最重要的参数值用于判别分析(表2-8)。总Wilks' λ值为2.626。因子方程1和2分别解释了总体的80.9%和18.5%。雌性东部群体在因子1中与其他三个类别很少有重合(图2-9)。判别正确率中最高的为雄性东部群体(E-M)的86.6%,其次为雄性西部群体(W-M)的36.0%,然后为雌性西部群体(W-F)的37.6%,最低的是雌性东部群体(E-F)的50.8%(表2-8)。判别方程的参数见表2-9。

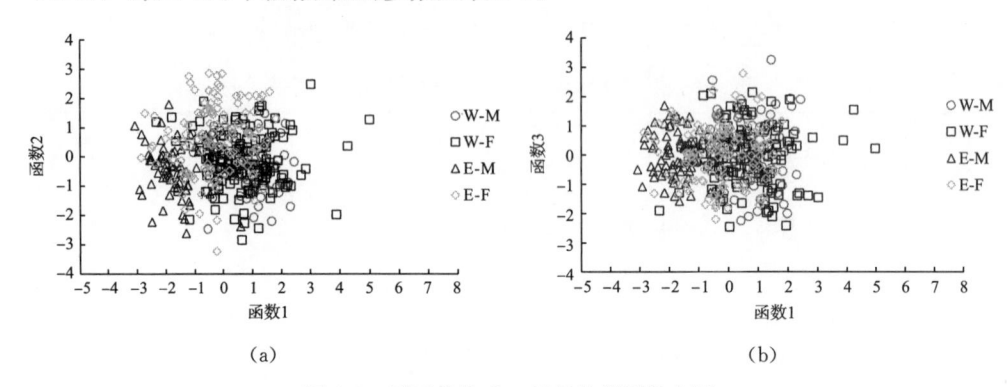

图 2-9 耳石作为唯一材料的判别散点图

表 2-8 以耳石作为种群判别唯一材料的分析结果

步骤	参数	F值	Wilks' λ	$df\,1$	$df\,2$	P值
1	RLs	87.087	0.605	3	400	<0.001
2	LDLs	45.585	0.555	6	798	<0.001
3	RLLs	34.740	0.506	9	969	<0.001
4	RWs	27.079	0.490	12	1051	<0.001
5	WLs	22.910	0.470	15	1094	<0.001

群组	西部雄性	西部雌性	东部雄性	东部雌性	初始/%	交互验证/%
W-M	35	31	3	17	40.7	36.0
W-F	42	55	7	29	41.4	37.6
E-M	2	0	58	7	86.6	86.6
E-F	13	18	26	61	51.7	50.8
Total	86	133	67	118	55.1	52.8

表 2-9 以耳石作为种群判别唯一材料的判别方程参数

形态参数	西部雄性	西部雌性	东部雄性	东部雌性
LDLs	53.722	55.337	55.841	63.644
RLLs	118.483	116.221	111.051	110.942
WLs	372.294	372.568	367.833	365.621
RLs	114.364	115.273	105.825	112.025
RWs	36.761	36.775	39.616	40.201
常量	−4572.500	−4579.031	−4371.268	−4524.986

2.2.2.4 标准化后耳石和角质颚组合参数的判别分析

当将两种硬组织组合起来进行判别分析，结果发现有 8 个参数入选到判别函数中(URWs、MWs、RLLs、UWLs、LLWLs、DLLs、LCLs、RLs)。Wilks'λ 为 0.127~0.551(表 2-10)。第一因子方程有最高的解释率，为 86.5%，第二和第三因子解释率分别为 12.3% 和 1.2%(表 2-10)。不同的地理群体重复较少，可以有效地区分开不同类别(图 2-10)。总判别正确率为 71.7%，其中雄性东部群体(E-M)为 95.5%，其次为雄性西部群体(W-M)的 81.4%，然后为西部群体的雌性(W-F)的 56.4%，最低的是雌性东部群体(E-F)的 53.5%。判别正确率比其他的两种材料高出约 15%。判别方程的参数见表 2-11。

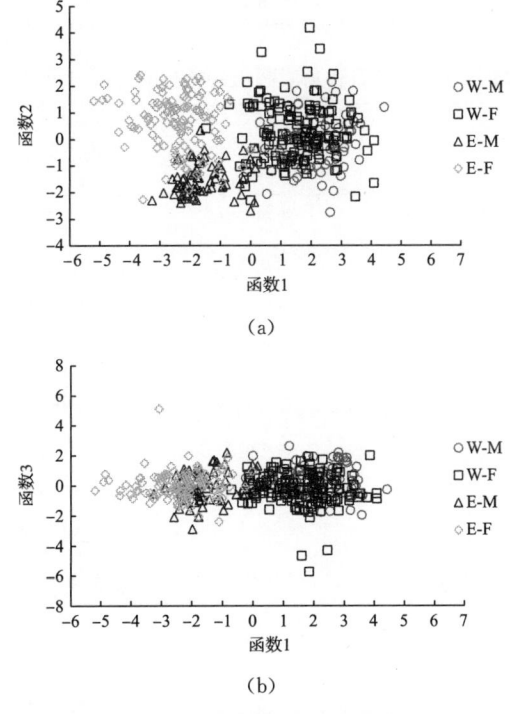

(a)

(b)

图 2-10 耳石和角质颚组合材料的判别散点图

表 2-10 以耳石和角质颚组合材料的判别分析结果

步骤	参数值	F 值	Wilk's λ	$df\,1$	$df\,2$	P 值
1	URWs	108.583	0.551	3	400	<0.001
2	MWs	158.336	0.208	6	798	<0.001
3	RLLs	114.037	0.172	9	969	<0.001
4	UWLs	88.776	0.157	12	1051	<0.001
5	LLWLs	73.143	0.147	15	1094	<0.001
6	LDLs	63.396	0.137	18	1118	<0.001
7	LCLs	55.599	0.131	21	1132	<0.001
8	RLs	49.309	0.127	24	1140	<0.001

群组	西部雄性 W-M	西部雌性 W-F	东部雄性 E-M	东部雌性 E-F	初始/%	交互验证/%
W-M	50	33	3	0	58.1	53.5
W-F	46	78	7	2	58.6	56.4
E-M	0	1	65	1	97.0	95.5
E-F	0	1	21	96	81.4	81.4
Total	86	133	67	118	73.8	71.7

表 2-11 以耳石和角质颚组合材料的判别方程参数

形态参数	西部雄性	西部雌性	东部雄性	东部雌性
MWs	1250.352	1246.126	1227.866	1218.402
DLLs	150.988	150.077	143.442	144.485
RLLs	508.075	505.310	492.537	493.931
RLs	−3.536	−2.393	−7.247	−1.873
URWs	−169.509	−168.181	−164.857	−159.222
UWLs	28.458	24.553	29.583	26.374
LCLs	−216.664	−212.422	−212.382	−219.119
LLWLs	−282.051	−280.431	−274.622	−263.275
常量	−10956.687	−10885.578	−10404.056	−10417.180

2.3 利用地标点法对柔鱼不同群体和性别判别分析

2.3.1 材料与方法

2.3.1.1 采集时间和范围

专业鱿钓船"金海827"于2012年5~10月在153°~179°E、39°~45°N北太平洋海域共捕获215尾样本(雌性169尾,雄性46尾)(图2-1)。两个不同的地理群体分布在不同的海域,且在不同的渔期捕获[6, 168]。西部群体属于冬春生群体(雌性64尾,雄性46尾),东部群体属于秋生群[168](全部为雌性,105尾)。样品捕获后立即在−18℃进行冷冻。

2.3.1.2 地标点的选择和确定

将样本带回实验室,测量胴长(ML)并精确至1mm。所有样本的角质颚(包括上颚和下颚)都成功从口球中取出。为了使所有样本有着相同的地标点分布同时减少数据收集的时间[169],研究中用上下颚的一半进行拍摄,之前的研究也常用这种方法来进行数据采集[170]。用尼康D750相机对所有角质颚样本的一半用同一焦距进行拍摄。根据前人针对角质颚地标点的定义,研究中选择上颚中8个地标点和下颚所有的地标点进行后续分析[171]。上下颚主要由两部分组成:外层和内层[171]。然后再从上颚和下颚的外轮廓边缘各选择12个和10个滑动地标点(semi-landmarks)来更好地模拟角质颚的形态[172](图2-11)。研究中将地标点和滑动地标点结合来分析,是因为某些地标点(上颚的第7和10[171])在选择的时候很难定义[172]。色素沉着等级根据Hernández-García[173]文中的描述来定义。

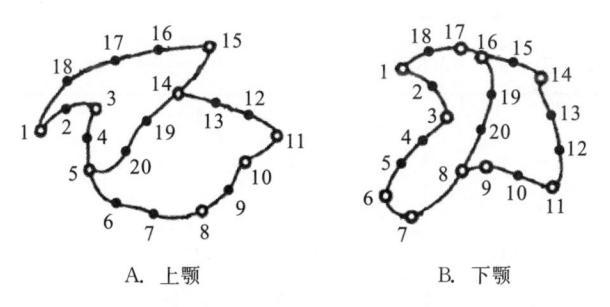

图2-11 角质颚地标点示意图(根据文献 [170] 修改)

注:实心点为滑动地标点,空心点为地标点

2.3.1.3 数据分析

每个样本的地标点都经过两次定义以避免误差[169]。研究中两次测量的可接受误差在5%以内,即可选择首次测量的地标点进行下一步分析。当采集到所有的地标点后,把这些点通过广义普氏分析(generalized Procrustes analysis, GPA)法进行坐标化[174]。该方法是一种有效的标准化方法,能保留所有样本的形态信息,并使得每个样本标准化为单位平均大小[175,176](centroid size,CS)。随后用一系列的统计分析方法来探究不同群体和性别之间角质颚形态的差异。首先,利用普氏多元协方差分析来找出角质颚形态的差异,同时分析种群、性别和色素沉着等级是如何影响形态差异的。在普氏坐标中利用主成分分析法(PCA)来研究与之相关的主成分,减少坐标中其他的冗余数据[177]。建立角质颚形态的多重回归分析(回归系数和预测分数)和平均大小(取对数)的关系来实现种群比较[178-180]。最后,利用之前选择的主成分来对种群和性别进行逐步判别分析(SDA)[167]。同时利用薄板条样(TPS)变形网格建立不同群体和性别的平均表型。所有的统计分析均用统计软件R 3.1.3(R Developmental Core Team,2015)平台下的"geomorph"包处理完成[181],具体分析代码见附录2。

2.3.2 结果

2.3.2.1 不同群体角质颚形态变化及其可视化

多重协方差分析结果认为,分别利用上颚和下颚作为材料所得出的结果相似(表2-12)。两个群体的上、下颚形态均存在差异,不同色素沉着等级间的角质颚形态也同样存在差异(表2-12)。考虑到交互作用的影响,两个群体上、下颚的异速生长趋势都存在显著差异($P<0.01$,表2-12)。不同色素沉着等级间的异速生长也都存在着显著差异($P<0.01$,表2-12)。色素沉着等级还对不同群体上颚形态有着交互效应(表2-12)。

表2-12 对不同群体角质颚形态的多元协方差分析

因子	上颚						
	df	SS	MS	Rsq	F	Z	P
大小	1	0.0328	0.0328	0.0452	10.8008	8.6821	0.001 *
性别	1	0.0344	0.0344	0.0474	11.3438	9.0091	0.001 *
色素等级	1	0.0072	0.0072	0.0099	2.3753	2.1473	0.011 *
大小×性别	1	0.0068	0.0068	0.0093	2.2269	1.9787	0.025 *

续表

因子	上颚						
	df	SS	MS	Rsq	F	Z	P
大小×色素等级	1	0.0051	0.0051	0.0070	1.6860	1.4850	0.103ns
性别×色素等级	1	0.0071	0.0071	0.0097	2.3264	2.2301	0.014*
大小×性别×色素等级	1	0.0042	0.0042	0.0058	1.3893	1.2873	0.162ns
残差	207	0.6287	0.0030				
总和	214	0.7263					

因子	下颚						
	df	SS	MS	Rsq	F	Z	P
大小	1	0.0294	0.0294	0.0339	7.8178	6.2586	0.001*
性别	1	0.0128	0.0128	0.0147	3.3913	2.8563	0.005*
色素等级	1	0.0099	0.0099	0.0114	2.6300	2.3475	0.010*
大小×性别	1	0.0127	0.0127	0.0146	3.3703	2.9294	0.004*
大小×色素等级	1	0.0102	0.0102	0.0118	2.7194	2.5207	0.008*
性别×色素等级	1	0.0060	0.0060	0.0069	1.6018	1.4588	0.107ns
大小×性别×色素等级	1	0.0059	0.0059	0.0067	1.5551	1.4573	0.108ns
残差	207	0.7789	0.0038				
总和	214	0.8658					

主成分分析结果表明，不同群体上颚和下颚的形态可以用前四个主成分来进行解释区分（上颚：前四个主成分解释总变异的60.0%；下颚：前四个主成分解释总变异的61.1%，图2-12）。东部群体的上颚形态变化比西部群体更为突出[图2-13(a)]，但是东部群体的下颚形态比西部群体的要更为集中[图2-13(b)]。形态预测值表明不同色素沉着等级在上颚的形态中有着不同的变化趋势（表2-12），而西部群体在色素等级1和2时变化很小[图2-13(c)]。不同等级的色素沉着在两个群体的下颚形态中有着类似的变化趋势[图2-13(d)，表2-12]。异速生长，尤其是西部群体，在下颚不同的形态中有着不同的趋势[图2-13(d)]，而上颚中则没有这样的特征变化（表2-12）。两个群体角质颚的薄板条样变形网格如图2-14所示。

(a)上颚 (b)下颚

(c)上颚 ○东部群体 ●西部群体 (d)下颚

图 2-12　不同群体上颚与下颚角质颚形态主成分分析结果

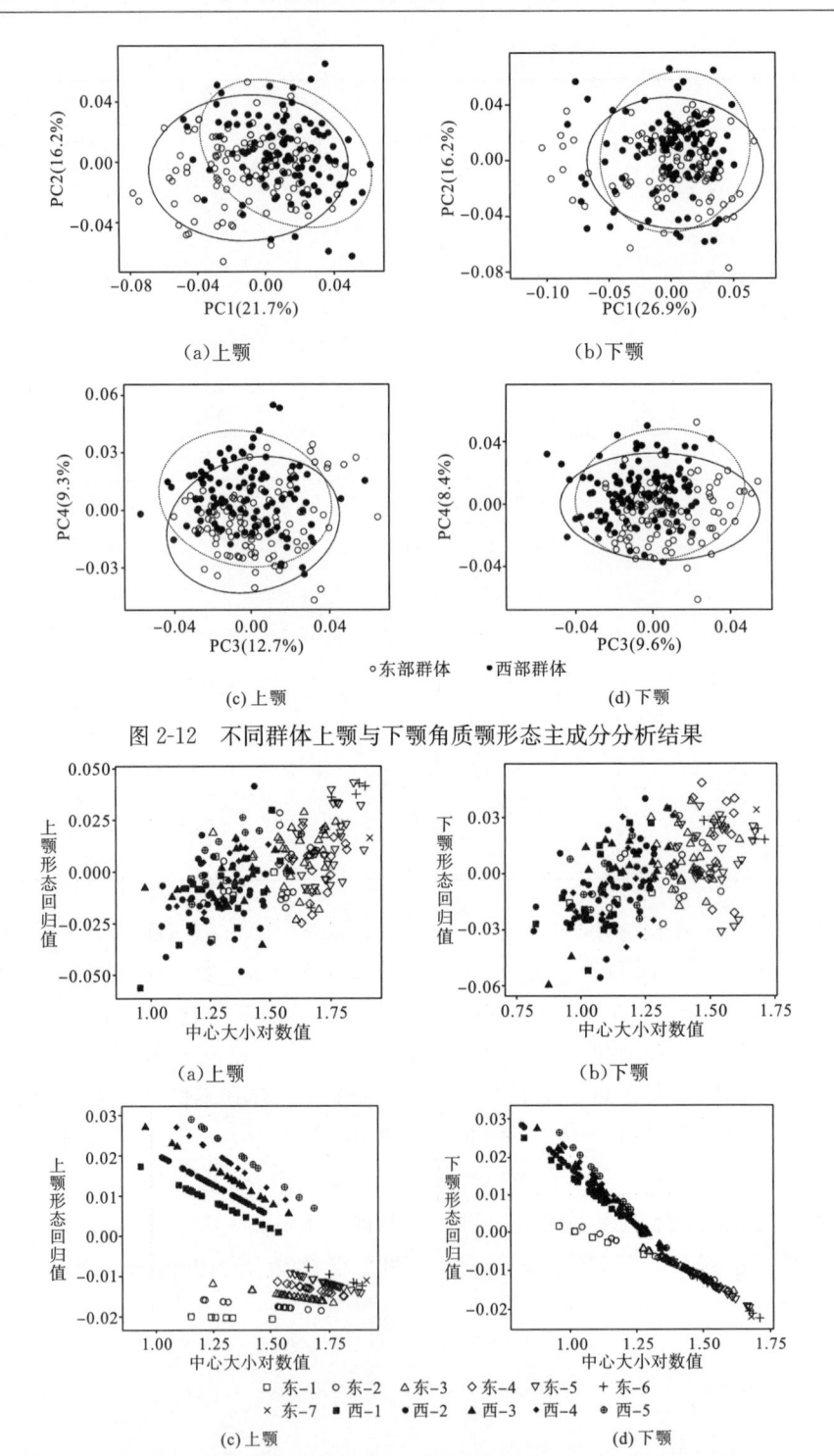

(a)上颚 (b)下颚

(c)上颚 □东-1 ○东-2 △东-3 ◇东-4 ▽东-5 +东-6
×东-7 ■西-1 ●西-2 ▲西-3 ◆西-4 ●西-5 (d)下颚

图 2-13　不同群体上颚与下颚角质颚形态回归分数及上下颚形态
预测值与中心大小的关系结果

东部群体　　　　　　　西部群体

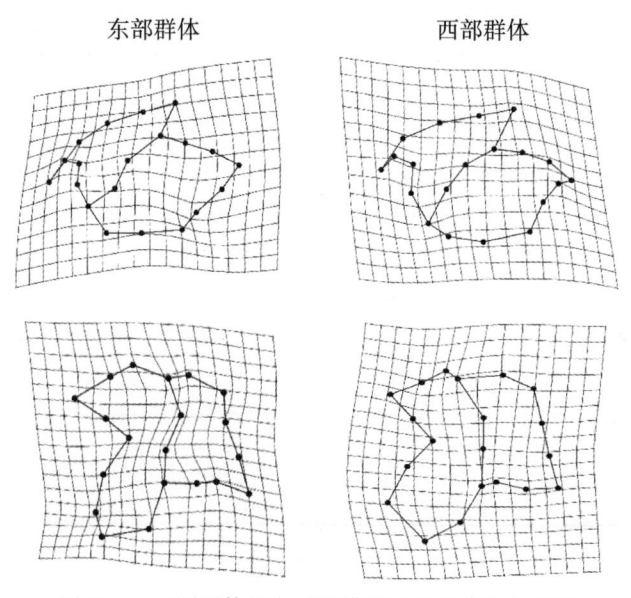

图 2-14　不同群体的角质颚模拟网格化薄板条样图

2.3.2.2　不同性别角质颚形态变化及其可视化

对西部群体不同性别个体进行分析，上下颚的多元协方差分析结果有着很大的不同（表 2-13），上颚的形态没有差异（表 2-13），但下颚的形态变化中发现了明显的雌雄二态性现象（表 2-13）。不同的色素等级也影响到了异速生长（表 2-13）。从预测值看，下颚的形态完全被分开，雌雄没有交集（图 2-16）。

表 2-13　对西部群体不同性别角质颚形态的多元协方差分析

因子	上颚						
	df	SS	MS	Rsq	F	Z	P
大小	1	0.0081	0.0081	0.0236	2.6668	2.3119	0.013*
性别	1	0.0057	0.0057	0.0166	1.8722	1.6842	0.064ns
色素等级	1	0.0087	0.0087	0.0254	2.8765	2.6282	0.003*
大小×性别	1	0.0049	0.0049	0.0142	1.6063	1.5035	0.092ns
大小×色素等级	1	0.0017	0.0017	0.0049	0.5612	0.5341	0.833ns
性别×色素等级	1	0.0025	0.0025	0.0072	0.8156	0.7874	0.564ns
大小×性别×色素等级	1	0.0019	0.0019	0.0057	0.6476	0.6103	0.726ns
残差	102	0.3095	0.0030				
总和	109	0.3431					

续表

因子	下颚						
	df	SS	MS	Rsq	F	Z	P
大小	1	0.0218	0.0218	0.0519	6.1216	4.9716	0.001*
性别	1	0.0105	0.0105	0.0249	2.9388	2.6095	0.005*
色素等级	1	0.0056	0.0056	0.0133	1.5673	1.4087	0.120ns
大小×性别	1	0.0041	0.0041	0.0096	1.1367	1.0413	0.299ns
大小×色素等级	1	0.0078	0.0078	0.0186	2.1937	2.0184	0.030*
性别×色素等级	1	0.0037	0.0037	0.0087	1.0291	0.9427	0.367ns
大小×性别×色素等级	1	0.0036	0.0036	0.0086	1.0177	0.9669	0.353ns
残差	102	0.3640	0.00357				
总和	109	0.4211					

注：*，P significant at $\alpha=0.05$；ns，non significant

主成分分析结果认为，上颚和下颚的形态类似（上颚：前四个主成分解释总变异的60.1%；下颚：前四个主成分解释总变异的61.6%，图2-15）。研究中并未在任一性别中发现随着个体生长上颚与下颚在形态上发生的变化[图2-16(a)、(b)]。

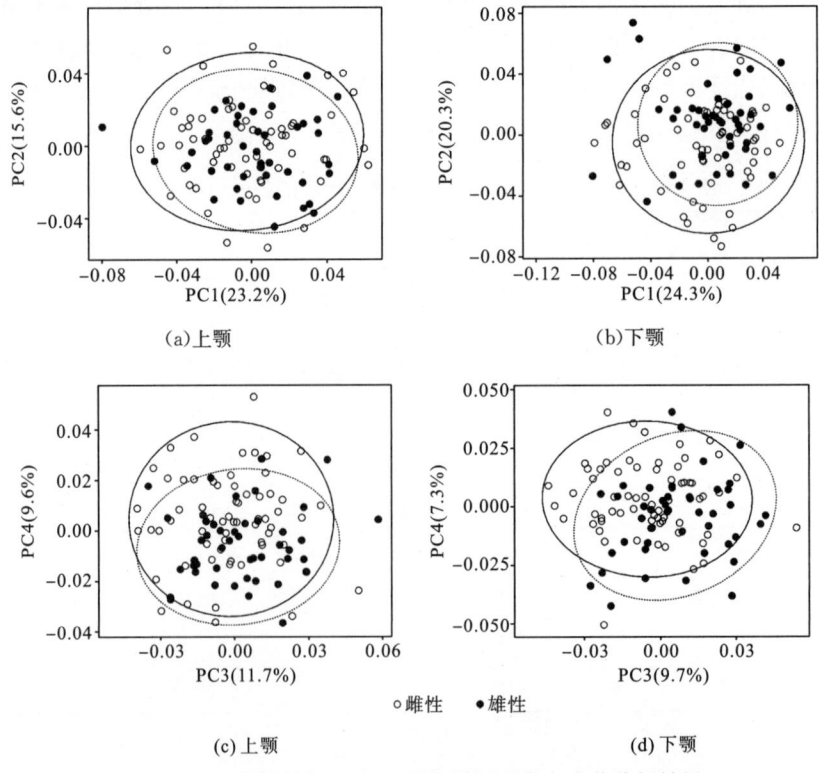

(a) 上颚

(b) 下颚

(c) 上颚

(d) 下颚

○ 雌性　● 雄性

图2-15　不同性别上颚与下颚角质颚形态主成分分析结果

不同性别的形态预测值与上颚形态呈负相关[图 2-16(c)]，与下颚形态呈正相关[图 2-16(d)]。尽管统计结果表明下颚形态中不同的色素等级出现了异速生长的现象，但是结果并不明显[表 2-13，图 2-16(d)]。不同性别角质颚的薄板条样变形网格如图 2-17 所示。

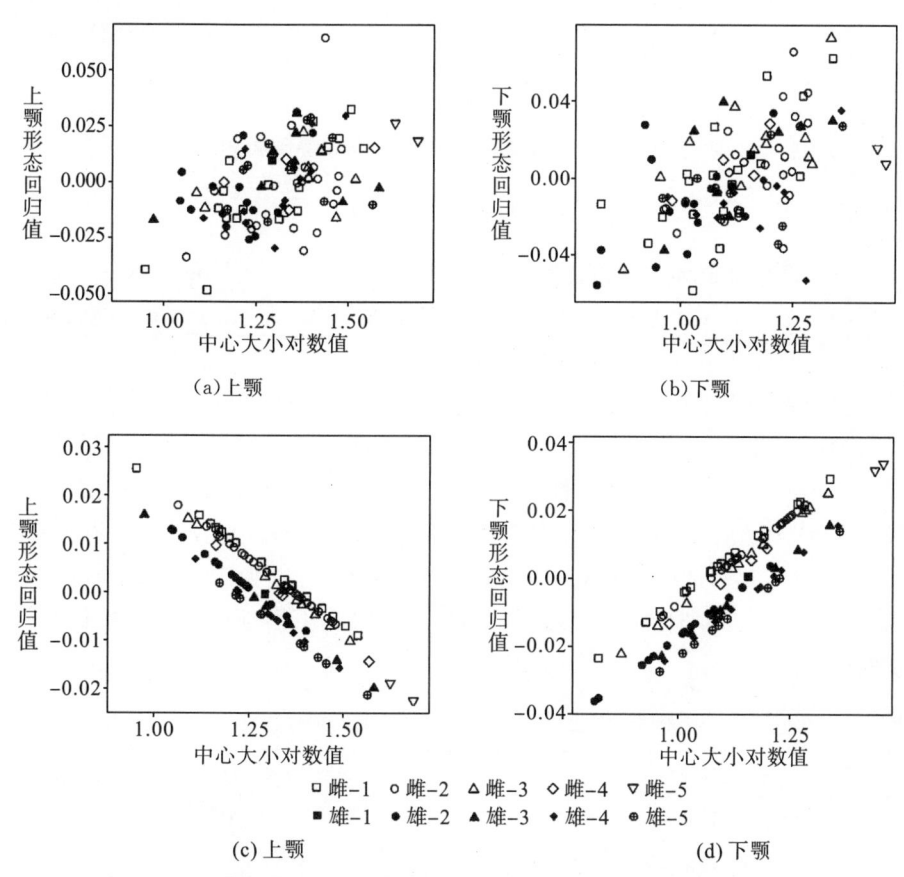

图 2-16 不同性别上颚与下颚角质颚形态回归分数及上下颚形态预测值与中心大小的关系结果

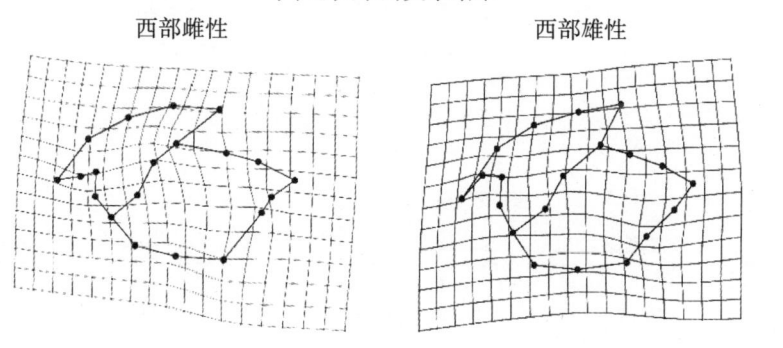

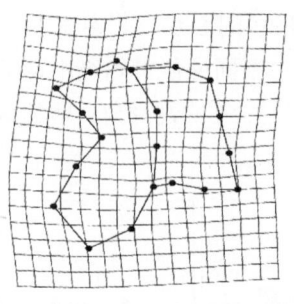

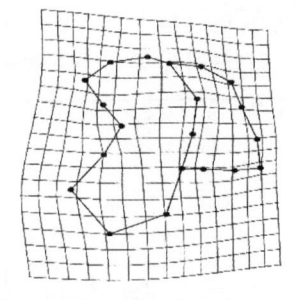

图 2-17　不同性别的角质颚模拟网格化薄板条样图

2.3.2.3　基于地标点结果的判别分析

研究中将东部群体、西部雌性和西部雄性认定为 3 个不同的组来进行后续的判别分析。前 20 项主成分分别可以解释上颚变异的 98.1% 和下颚变异的 97.5%，因此以此进行后续的判别分析。

逐步判别分析的结果认为，在上颚中有 9 个主成分用于解释判别函数（表 2-14）。Wilks'λ 为 0.325~0.824（表 2-14）。经过交互验证后，西部雌性个体判别成功率为 54.3%，西部雄性个体为 42.2%，东部群体为 86.7%（表 2-14）。下颚中有 8 个合适的主成分用于解释判别函数（表 2-15），总 Wilks'λ 为 0.491~0.842。经过交互验证后，西部雌性个体判别成功率分别为 58.7%，西部雄性个体为 57.8%，东部群体为 81.9%（表 2-15）。上颚和下颚都表现出了群体和性别判别的可行性。

表 2-14　以上颚主成分值为基础的判别分析结果

步骤	参数值	Wilks'λ	$df1$	$df2$	P 值
1	PC6	0.824	2	212	<0.001
2	PC1	0.657	4	422	<0.001
3	PC4	0.531	6	420	<0.001
4	PC12	0.455	8	418	<0.001
5	PC2	0.407	10	416	<0.001
6	PC5	0.384	12	414	<0.001
7	PC20	0.363	14	412	<0.001
8	PC3	0.342	16	410	<0.001
9	PC16	0.325	18	408	<0.001

群组	样本分类数			原始/%	交互验证/%
	W-M	W-F	E-F		
W-M	31	22	3	67.4	54.3

续表

步骤	参数值	Wilks'λ	$df1$	$df2$	P 值
W-F	12	34	8	53.1	42.2
E-F	3	8	94	89.5	86.7
总计	46	64	105	70.4	66.5

注：W-F. 西部雌性；W-M. 西部雄性；E-F. 东部雌性

表 2-15 以下颚主成分值为基础的判别分析结果

步骤	参数值	Wilks'λ	$df1$	$df2$	P 值
1	PC3	0.842	2	212	<0.001
2	PC4	0.701	4	422	<0.001
3	PC9	0.637	6	420	<0.001
4	PC2	0.588	8	418	<0.001
5	PC11	0.556	10	416	<0.001
6	PC10	0.529	12	414	<0.001
7	PC14	0.509	14	412	<0.001
8	PC13	0.491	16	410	<0.001

群组	样本分类数			原始/%	交互验证/%
	W-M	W-F	E-F		
W-M	31	15	8	67.4	58.7
W-F	10	42	11	65.6	57.8
E-F	5	7	86	81.9	81.9
总计	46	64	105	70.4	69.5

注：W-F. 西部雌性；W-M. 西部雄性；E-F. 东部雌性

2.4 讨论与分析

2.4.1 不同群体角质颚形态差异

从主成分分析来看，柔鱼东部群体角质颚形态参数的第一和第二主成分因子分别是 UCL/ML 和 UWL/ML，而西部群体的第一和第二主成分因子分别是侧壁长(其中雌性为 ULWL/ML，雄性为 LLWL/ML)和喙部(雌性为 URW/ML，雄性为 LRL/ML)。结合先前的分析结果，可以认为柔鱼角质颚生长主要是脊突和侧壁，而非头盖部，并且在水平方向上生长较快，其次是喙部。头足类在生长过程中会发生食性的变化，而角质颚作为重要的摄食器官，其形态也会随着食性变化而变化[84]。在幼稚鱼时期，柔鱼一般以浮游动物和甲壳类为食，其个体较小；到成鱼时，基本以鱼类和头足类为食，这些海洋生物个体相对较大，需要强大的咬合力才能捕获并将其撕碎。因此，脊突和侧壁的快速生长可以给角质颚活动提供一个强大的支点，保证柔鱼在咬合时的力量支撑，而喙部的生长，尤其是喙端的生长，可更好地撕碎猎物，以便摄食和消化，提高捕食的效率。角质颚的这一特点可以保证食物的高效利用，使柔鱼快速生长，这也是生物体形态结构和功能统一的典型例子。

利用传统的线性测量方法，已经对头足类硬组织中的参数成功地进行了种群判别[108,155,182]。尽管通过数据标准化可以有效地提高判别分析的准确性[165,182,183]，但是传统形态测定还是有一定的不确定性，它无法准确地解释自然状态物体形态的变化，同时也可能因为客观因素给测量带来较大的误差[160]。几何形态测量法主要关注形态的整体变化，而不是某几个长度值，该方法不仅被应用于鱼类种类和种群的鉴别中[184,185]，同时也讨论了不同保存条件下形态的变化过程[186]。根据本书研究的统计分析结果，可以认为北太平洋柔鱼两个群体的角质颚形态有着显著的差异（表 2-6、表 2-8 和表 2-10）。这可能是由于在不同的生长阶段，其洄游路径不同，造成了食物组成和摄食行为的差异[7,32,168]。冬春生群体（西部群体）5月份在亚北极边界（subarctic boundary）和副热带锋面（subtropical front）之间的过渡区（transitional zone），该区域远离叶绿素锋面，生产力较低，直至夏季或秋季才开始向北洄游[8]，因此主要摄食小型的浮游性鱿鱼（*Watasenia scintillans*）和日本银鱼（*Engraulis japonicas*）[7,32]。秋生群（东部群体）7月份洄游至亚北极锋面（subarctic front）和亚北极边界之间的过渡区中心地带（transitional domain），主要摄食长体标灯鱼（*Symbolophorus californiensis*）、日本爪乌贼（*Onychoteuthis borealijaponica*）和亚寒带的甲壳类（*Ceratoscopelus warmingii*）、鱿鱼类（*Gonatus berryi*，*Berryteuthis anonychus*）[7]。两个群体的个体即使处在生长的同一阶段，也有着不同的生长速度[8]。Crespi-abril 等认为不同群体的阿根廷滑柔鱼其角质颚形态没有差异，游泳速度可能是引起胴体形态差异的主要原因[55]。其研究区域集中在一个很小的范围内（圣马蒂亚斯湾）[55]，周边的海洋环境相对比较稳定，因此鱿鱼的食物组成也不会有很大的差异，因此不同群体的角质颚形态没有表现出差异。后续的研究应关注柔鱼幼体的角质颚形态变化[187]。

2.4.2 不同性别角质颚形态差异

研究发现，不同性别的耳石和角质颚形态在东部群体中均存在差异（$P<0.05$），造成这种现象的主要原因是不同性别个体在洄游过程中路线不同，雌性

个体在向北洄游的过程中，雄性个体为了避免自相残食依然停留在产卵场海域[3,8,166]。这也正是我们在调查海域并不能发现更多雄性个体的原因。由于纬度上的分隔，不同的环境条件最终可以影响到硬组织的形态变化。这种不同也在判别分析的结果中有所反映(表 2-4 和表 2-5)。西部群体在形态特征上反映出了不同于东部群体的情况。大多数的角质颚特征在不同性别中有差异($P<0.05$)；但是所有的耳石形态在雌雄个体中并无任何差异($P>0.05$)。西部群体的雌雄个体均生活在同一海域，有着相似的海洋环境和统一的洄游路径。因此在角质颚形态上的差异可能是性成熟的不同步所造成的，这种繁殖策略在其他的许多头足类中都有发现[42]。不过这种雌雄二态性的差异很小，在判别分析中有较多的个体重合(图 2-8 和图 2-9)。

在角质颚地标点研究结果中发现性别差异显著的同时，发现性别间的异速生长差异也很显著，这在其他种类中并不常见[107,116]。不同的生长阶段和交配行为可能是引起这种差异的原因之一[113]。雌雄间较低的判别正确率(表 2-8 和表 2-10)和先前对相似种类的分析结果类似[182]，但是雌雄角质颚形态在变形网格中有着很明显的差异(图 2-17)。西部群体雌性和雄性有着类似的洄游路径，而东部群体的雌雄洄游路径则完全不同[8]。因此西部群体雌雄个体在生长过程中经历类似的海域，摄食的种类也类似[98,99,101]。在柔鱼的生长过程中，雌性的生长速度要快于雄性，这种情况也反映在了角质颚上，因此最终造成雌雄之间形态上存在一定的差异[3,188]。Chen 等也表明角质颚雌雄差异受到角质颚长度参数的选择和数据分析方法的影响[108]。本书研究使用了几何形态测量法，该方法基于普氏分析，它可以有效地消除非形态变化的影响，用严格的统计分析方法来分析物体的形态变化[181]。因此利用几何形态测量法唯一可能存在的误差就是在获取地标点数据的过程中产生的。

2.4.3 性成熟对角质颚形态的影响

在本书研究所采集的样本中，没有发现性成熟等级为 V 期的个体，IV 期个体也较少，同时柔鱼产完卵即死亡的特点也对采样造成了一定的难度。在所采集的样本中，I 期与 II 期为性未成熟，III 期为性成熟。研究发现同一柔鱼群体在不同的性成熟度下，角质颚各项参数均存在着显著的差异，而雌性的差异较雄性更为明显；不同群体角质颚生长在性未成熟阶段有着显著的差异，而在性成熟阶段这种差异已经不存在。幼稚鱼期的柔鱼主要是以甲壳类和少量的鱼类(主要为灯笼鱼科 myctophids[189])为食，随着个体的生长以及性腺发育的需求，摄食量的需求越来越大[190]，同时也开始捕食鱿鱼类，因此角质颚也需要迅速生长，从而能够更好更快地捕获猎物，同时也使得性腺能够更快地发育生长。因此性腺成熟也是促进角质颚形态变化的原因之一。

2.4.4 色素沉着对不同群体角质颚形态的影响

色素沉着是角质颚在生长过程中的重要变化之一，对角质颚的硬度有着直接的影响[89,90]。前人针对这种变化有定性的描述，但是没有将其定量化[83,116]。Hernández-García 针对角质颚色素沉着的特征和其分布的位置，定义了 0~7 共 8 个等级来定量其色素变化[87]。本书中，色素沉着等级是上下颚形态差异中很重要的因子之一（表 2-12 和表 2-13）。在某些种类中，上颚的生长要快于下颚[191-193]。在角质颚咬合的运动过程中，较小的下颚保持相对稳定的位置，而较大的上颚进行主动的打开和闭合动作[194]。因此与下颚相比，上颚需要更多更快地生长以保持其硬度，用以咬碎猎物。下颚的特征较为明显，常用于不同种类的鉴别[99,101]。其形态也会随着个体的生长，以及摄食习性的变化而发生变化[113]。这也与多元协方差分析的结果一致，即色素沉着等级是影响下颚异速生长的一个重要因素（表 2-12 和表 2-13）。今后的研究中应对特定种群的色素沉着特征进一步描述。

2.4.5 不同硬组织和方法对群体判别的影响

已有许多的研究关注了群体间的差别，并以角质颚为材料，得到较好的判别结果[108,165]。本书中仅利用角质颚或耳石为判别材料的总的判别正确率在 50% 左右，但是将两种硬组织结合起来后的正确率为 70% 左右，提高了近 20%。因此加入适当的相关形态参数可以有效提高判别成功率，尽管和其他的头足类相比判别正确率仍旧较低，但是利用逐步判别分析法可以保持更多有利参数来提升判别正确率[108]。前三个参数值入选了组合类别，而这些参数值都分别入选了基于角质颚和基于耳石的判别分析中（表 2-14 和表 2-15）。另一个原因是亚群体的存在，包括西部群体（中部种群和东部种群）和东部群体（西部种群和中西部种群）[168]。较高的判别正确率表明亚群体在硬组织形态中的差异较小，因此亚群体仅从硬组织的形态来区分是比较困难的。

由地标点分析法结果可知，上颚在群体判别中效果较好，下颚在性别判别中效果较好。在角质颚咬合的过程中，上颚的运动处于主动状态，如上文所述，不同群体不同摄食习性直接导致了上颚的形态差异。下颚的形态有很多特征，时常用于不同头足类的分类中。在本书研究中测量形态上也同样是下颚形态有着较大的性别差异。因此，头足类下颚也可以推广到今后的性别差异研究中去。

2.5 小　　结

（1）雌性个体的角质颚大于雄性；脊突长、翼长为主要的差异指标；不同群体雌性个体的角质颚形态有显著差异（$P<0.01$），而雄性个体角质颚形态则无差异（$P>0.05$）。

（2）不同性成熟度间的角质颚各形态参数均存在显著差异（$P<0.01$），不同群体间雌性角质颚形态仅在性成熟度 III 期时无差异（$P>0.05$）。性成熟后，由于食性的稳定，角质颚形态也趋于稳定。

（3）不同群体角质颚形态雌性间的差异大于雄性间的差异；仅用耳石作为材料来判别群体的正确率仅为 52.8%，仅用角质颚作为材料来进行判别分析的正确率为 57%，用两者综合参数来进行判别分析的正确率为 71.7%。数据标准化和选择合适的参数可以有效提升判别分析的正确率。

（4）通过地标点法分析，可以发现上下颚的形态变化有着较大的差异，色素沉着会极大地影响角质颚的形态变化，不同色素沉着等级下的角质颚有着不同的异速生长模式，不同群体间的这种模式差异较大。

（5）西部群体不同性别的角质颚形态差异相对较小，色素沉着等级对角质颚形态的影响也不大。上颚形态进行判别分析的正确率为 66.5%；下颚形态的判别正确率为 69.5%。相对来说，下颚形态是一种更为合适的柔鱼种群判别材料。

第 3 章　基于柔鱼角质颚微结构的日龄与生长研究

日龄和生长的变化规律是研究头足类生活史以及进行渔业资源评估的重要基础。以往大多学者都是根据耳石微结构中的轮纹来进行分析，并且取得了很好的效果[3-6, 159]。而头足类的耳石较鱼类的耳石小，在提取以及后续的研磨等处理中并不容易进行，能成功读取其年龄的比例并不高，同时耗费了大量的人力和物力。角质颚的大小适中，其也具有类似耳石的轮纹结构。本章通过对比角质颚和耳石微结构生长纹，来确定角质颚研究头足类日龄与生长的可行性；同时根据角质颚所读取的日龄来分析北太平洋柔鱼的日龄组成和生长规律，并将研究结果与前人研究进行比较，找出异同点，并找出可能造成差异的原因。

3.1　角质颚生长纹及其与耳石生长纹比较

3.1.1　材料与方法

3.1.1.1　采样及基础实验

柔鱼样本采集时间为 2010 年 5~6 月，采样区域为 171°E~172°W、38°~41°N。最终同时提取出样本中对应完整的耳石和角质颚 40 对，均为雌性。样本运回实验室解冻后，对柔鱼进行生物学测定，包括胴长(mantle length，ML)、体重(body weight，BW)、性腺成熟度和性别。具体的方法见第 2 章的材料与方法。

3.1.1.2　角质颚与耳石的研磨处理

前人对耳石的研磨处理方法已有许多研究，本书研究参照刘必林等[195]对耳石进行研磨处理。

前人对其他头足类的角质颚微结构已有研究，通过观察发现，喙部矢状平面(rostrum sagittal sections，RSS)估算日龄的准确率要明显好于侧壁平面(lateral wall surface，LWS)[129]，同时由于角质颚的下颚是包裹着上颚的，而下颚的喙部常常用于钳制住猎物使其不能动弹，因此下颚的喙部更容易遭到腐蚀[81]。上颚虽然也会有一定的腐蚀，但是相对保存比较完整。因此本书研究中选取了上颚作为实验材料。

首先用小型切割机沿着角质颚的中轴线将其对半剪开，在剪开的过程中要尽量偏向某一方，使得两个部分并不完全对称，这样可以使某一面的生长纹中心保存完好，有利于后续微结构的观察。然后选取较大的一面，用清水洗干净表面的附着物，然后再将其头盖上部和整个侧壁部分剪去，最后仅剩下喙部和小部分头盖。接下来将最后剩下的部分放置于 3cm×3cm 的磨具内，将其内侧面向下放置并保持该状态。将亚克力粉和固化剂所调制的黏性溶液加入该磨具中，整个过程中要保证角质颚的内侧面固定向下。然后等待其凝固干燥后备用。

磨具中的溶液放置 12～24h 后，将其进行研磨处理。分别用 120grits、600grits 和 1200grits 的防水砂纸对角质颚的两个面一步步地研磨至核心区，研磨过程中要注意在显微镜下进行观察，防止角质颚生长纹核心始终可见，同时纹路清晰。最后，将研磨完成的角质颚喙部矢状平面切片用 0.05μm 氧化铝水绒布进行抛光处理，除去其表面的磨痕，使得整个切片更为清晰明亮。角质颚研磨的过程与耳石研磨的过程类似[196]。

最后进行观察。将处理完成的角质颚切片放置于×10、×40 和×400 倍的奥林巴斯显微镜下进行观察，先在 10 倍大小的镜头下对角质颚整体进行拍照，然后放大至 40 倍，对切片的不同部位再拍照，随后将不同部位的照片用 Adobe PhotoShop CS 5.0 进行拼合；再放大至 400 倍，对其中的生长纹细节进行拍照。每一个角质颚的生长纹由三位观察者分别计数一次，若三次计数的生长纹数目与均值的差值低于 10%，则认为计数准确，否则计数无效，重新计算[159]。

由于研磨中有一定的损耗，因此最终得到角质颚和耳石轮纹均清晰可见的样本为 26 尾。

3.1.1.3 分析与处理方法

(1)不同硬组织生长纹比较。将对应个体角质颚和耳石读取的生长纹数进行比较，计算其变异系数(CV)。

(2)不同硬组织生长纹关系。利用线性方程建立不同硬组织中生长纹数量的关系。

(3)不同硬组织生长纹差异原因。分析耳石和角质颚轮纹差异的原因。

3.1.2 结果

3.1.2.1 角质颚和耳石微结构描述

耳石大致呈水滴状，由背区、侧区、翼区和吻区组成。翼区宽大，吻区长宽。其生长纹主要呈同心圆分布，从核心部位到最外围，每个轮纹呈逐渐增大的趋势。轮纹由明暗相间的环纹组成。根据轮纹的特点，可以将耳石从核心到外围分为四个部分：核心区（nuclear zone）、后核心区（postnuclear zone）、暗区（dark zone）和外围区（peripheral zone）。各区轮纹的清晰度和间距也因各区大小不同而不相同，背区的轮纹明显（图 3-1），轮纹清晰且轮纹间距大，因此研究多用背区轮纹来进行计数。其他耳石的特征已多有研究，本书不再赘述。

柔鱼角质颚的微结构见图 3-2。横截面中的纵向轮纹从角质颚喙端到头盖与脊突连接处的部分清晰可见［图 3-2(a)］。由于色素沉着的原因，切片的头盖部分相对于脊突部分颜色显得更深［图 3-2(a)］。而摄食行为会引起喙端部分被腐蚀，这种现象在某些样本中有所发现。在核心所在的线条中，生长纹非常清晰，且呈明暗相间的条带分布［图 3-2(b)］。在喙部内侧中轴上中部生长纹的宽度比两头的生长纹要更宽；而在喙部矢状平面的生长纹之间的间距比其他部位的生长纹间距也要宽［图 3-2(b)］。在放大 400 倍的显微镜下观察，可以发现生长纹间距在不同的部位有很明显的差别［图 3-2(c)］。喙部矢状平面的生长纹的平均间距为 $12.6 \pm 0.03\mu m$。

在某些特殊的角质颚样本中，发现有"标记轮"的存在，这种结构类似于耳石微结构中的标记轮［图 3-2(d)］。标记轮是出现在某些生长纹中异常明亮或暗的轮纹，这种类型的生长纹与周围的普通轮纹相比显得很不一样。这种结构出现在雌性个体中较多。

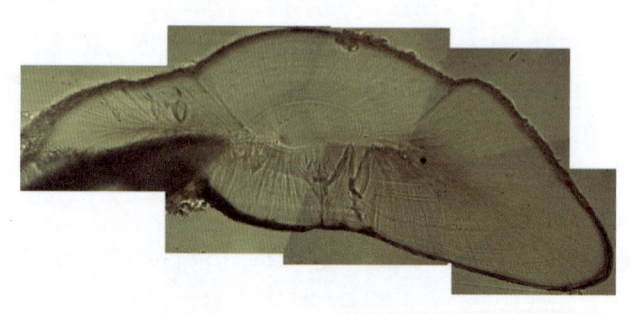

图 3-1　柔鱼耳石微结构

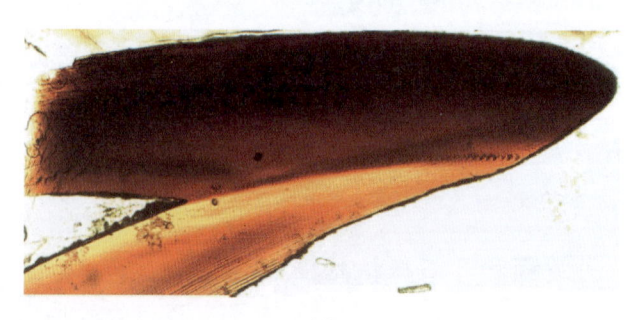

(a)

(b)

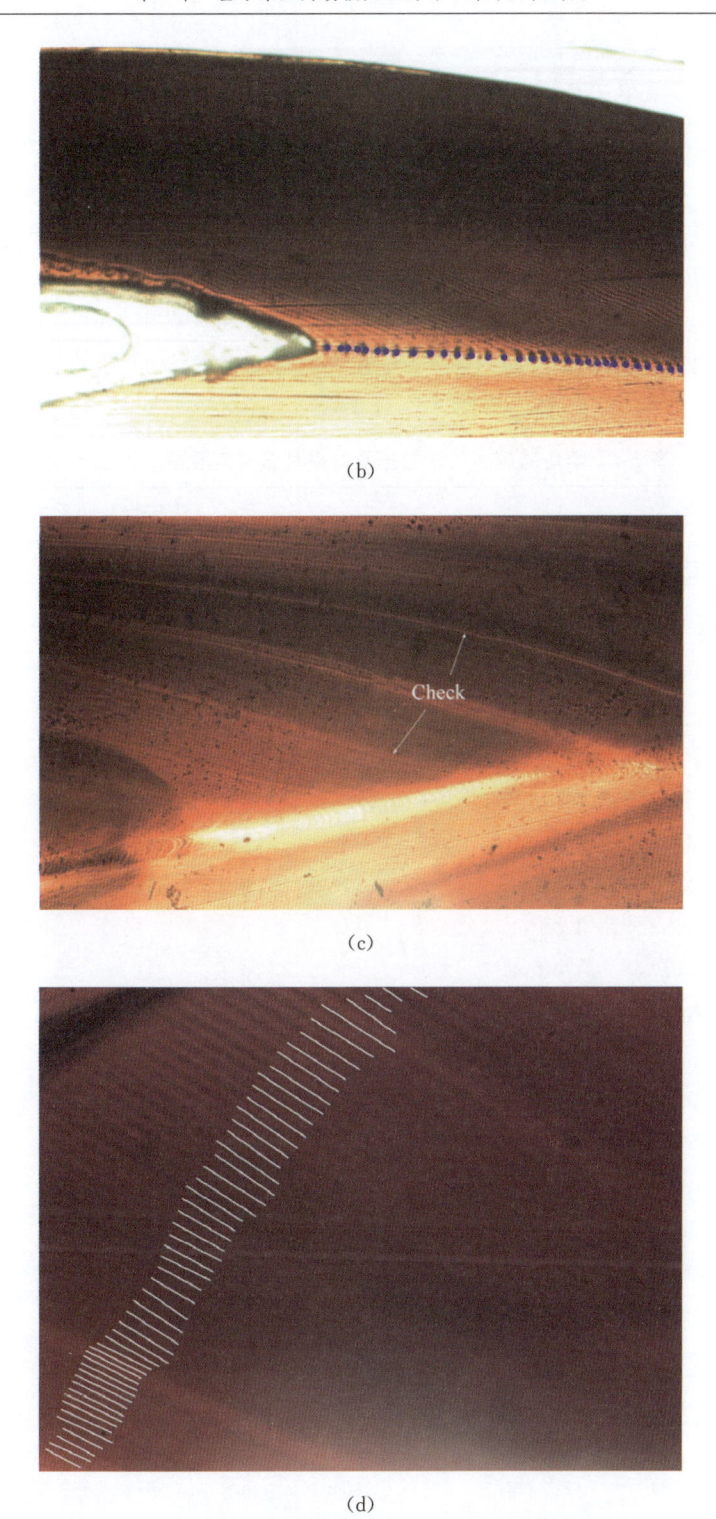

(c)

(d)

图 3-2 柔鱼角质颚微结构示意图

3.1.2.2 角质颚和耳石生长纹计数比较

26 尾样本对应基本生物学数据及角质颚和耳石生长纹计数如表 3-1 所示。样本的胴长为 230~450mm，平均胴长±标准差为 369±48mm；体重为 360.4~2707.1g，平均体重±标准差为 1604±513g；耳石生长纹计数为 112~270d，平均日龄±标准差为 214±39d；角质颚生长纹计数为 102~266d，平均日龄±标准差为 211±40d；两者计数差值为 0~19d，平均值±标准差为 6±5d。其中的 20 尾耳石计数大于角质颚计数。通过对三次角质颚计数比较，计算的变异系数（CV）为 1.11%。

表 3-1 柔鱼基础生物学数据及对应耳石和角质颚生长纹计数

日期	纬度	经度	胴长/mm	体重/g	性成熟度	耳石计数日龄/d	角质颚计数日龄/d	差值绝对值/d
5月2日	38°41′N	176°03′E	360	1312.0	II	222	219	3
5月22日	38°59′N	175°21′E	404	1864.8	II	226	223	3
5月30日	38°45′N	175°34′E	352	1346.4	II	224	218	6
5月30日	38°45′N	175°34′E	390	1492.2	II	229	230	1
5月10日	39°17′N	171°37′E	378	1635.3	II	242	238	4
6月20日	39°57′N	175°18′W	274	562.0	I	139	134	5
6月6日	39°51′N	172°20′W	371	1464.7	II	234	247	13
5月24日	39°03′N	175°24′E	333	1072.9	II	178	178	0
5月16日	38°37′N	176°15′E	381	1667.2	II	205	199	6
5月16日	38°37′N	176°15′E	390	1805.2	II	214	202	12
6月10日	39°52′N	171°58′W	392	1732.1	II	258	255	3
6月10日	39°52′N	171°58′W	417	1966.7	II	239	235	4
6月10日	39°52′N	171°58′W	450	2707.1	III	222	231	9
6月10日	39°52′N	171°58′W	377	1516.9	I	249	243	6
6月4日	39°53′N	172°14′W	368	1432.4	I	176	165	11
6月16日	40°03′N	172°41′W	385	1795.6	II	206	211	5
6月1日	39°52′N	172°09′W	380	1606.6	II	202	203	1
6月1日	39°52′N	172°09′W	409	1976.6	II	215	212	3
5月10日	39°13′N	171°43′E	431	2533.0	III	270	266	4
5月10日	39°13′N	171°43′E	230	360.4	I	112	102	10
5月21日	38°51′N	175°14′E	369	1646.6	II	216	215	1
5月9日	38°38′N	171°44′E	377	1834.3	II	268	263	5
6月17日	40°18′N	172°53′W	292	1878.7	II	168	157	11

续表

日期	纬度	经度	胴长/mm	体重/g	性成熟度	耳石计数日龄/d	角质颚计数日龄/d	差值绝对值/d
5月16日	38°40′N	176°11′E	310	794.6	II	162	165	3
6月8日	39°46′N	172°06′W	404	1978.3	II	263	244	19
6月8日	39°46′N	172°06′W	372	1711.8	II	221	220	1

3.1.2.3 角质颚和耳石生长纹数量的关系

尽管大多数角质颚的轮纹数量都少于耳石的轮纹数,但是两者数目之间并没有很大的差别($P>0.05$)。通过拟合方程建立两者的关系,发现线性关系能最好地拟合角质颚和耳石轮纹数间的关系,并且决定系数 R^2 和其斜率均接近1。所拟合的方程如图3-3所示,公式为

角质颚轮纹 = $1.0102 \times$ 耳石轮纹 $- 5.4551$ ($R^2 = 0.9725$, $n = 26$, $P < 0.001$)

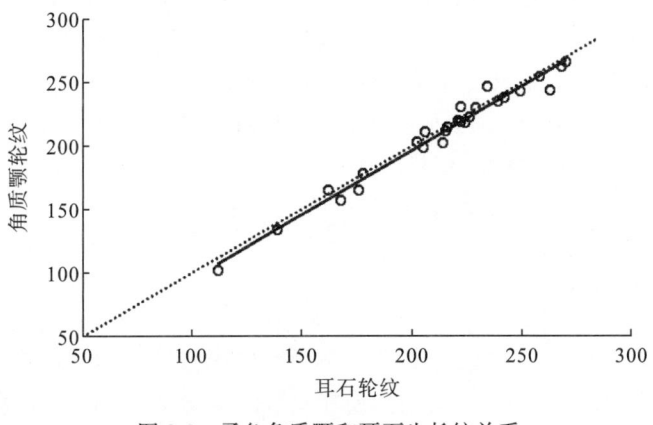

图3-3 柔鱼角质颚和耳石生长纹关系

3.2 角质颚生长纹特点及其在柔鱼日龄估算中的应用

3.2.1 材料与方法

3.2.1.1 采样及基础实验

样本采集时间为2011年7~10月,采样区域为154°E~174°W、39°~45°N,共采集样本211尾,其中雌性109尾,雄性102尾。所获得的样本经冷冻保藏运回实验室。样本运回实验室解冻后,对柔鱼进行生物学测定,包括胴长(mantle length，ML)、体重(body weight，BW)、性腺成熟度和性别。同时提取出样本中完整的角质颚，清洗干净后为后续研磨做准备。具体的方法见第 2 章的材料与方法。

3.2.1.2 角质颚的研磨处理

具体的研磨处理过程见 3.1.1.2 小节。

3.2.1.3 数据处理方法

(1)胴长体重组成。采用频度分析法分析渔获物胴长及体重组成，组间距分别为 20mm 和 300g。

(2)推算柔鱼的日龄和孵化期。已有许多基于乌贼类的角质颚生长纹结构研究表明，角质颚生长纹是以每天为规律沉积的，即"一日一轮"，这在之前针对许多章鱼类的研究中已经被证实[127,128,130,132,133,197,198]，因此我们可以逆推算其日龄，即捕捞日期减去估算日龄的差即为柔鱼的日龄，而所得的日期为柔鱼的孵化日期。

(3)采用瞬时相对生长率 G(instantaneous relative growth rate)和绝对生长率 AGR(absolute growth rate)来分析不同性别柔鱼角质颚的生长，其计算公式分别为[69]

$$G = \frac{\ln R_2 - \ln R_1}{t_2 - t_1} \times 100$$

$$AGR = \frac{R_2 - R_1}{t_2 - t_1}$$

(4)选择合适的生长模型。由于本书研究使用喙端矢状平面作为研究材料，因此后续选择上喙长来拟合日龄与角质颚参数的生长关系。研究中采用以下四种模型来拟合日龄与胴长/体重/上喙长的关系：

$$\text{线性方程：} y = a + bx$$
$$\text{幂函数方程：} y = ax^b$$
$$\text{指数方程：} y = ae^{bx}$$
$$\text{对数方程：} y = a\ln x + b$$

式中，x 为角质颚所读取的日龄；y 为胴长或体重或上喙长；a 和 b 是方程中的待估算参数。赤池信息准则(Akaike's information criterion，AIC)用于计算和比较模型拟合的准确度[199,200]。模型中 AIC 值最小的则被认为是最优模型[201,202]。其计算公式如下：

$$AIC = 2\theta + n\ln(SSQ/n)$$

式中，θ 是估算参数的个数；n 是所观测值数量；SSQ 是观测值和估算值的差的平方和。

3.2.2 结果

3.2.2.1 胴长与体重组成

渔获样本的胴长和体重组成见图 3-4。其中雌性的胴长为 199~417mm，平均胴长为 268mm，优势胴长为 240~320mm，占雌性总体的 85.4%；雄性的胴长为 201~354mm，平均胴长为 248mm，优势胴长为 240~280mm，占雄性总体的 85.4%。雌性的体重为 140~2230g，平均胴长为 603g，优势胴长为 150~250g，占雌性总体的 72.7%；雄性的胴长为 210~1440g，平均胴长为 462g，优势胴长为 150~250mm，占雄性总体的 92.7%。

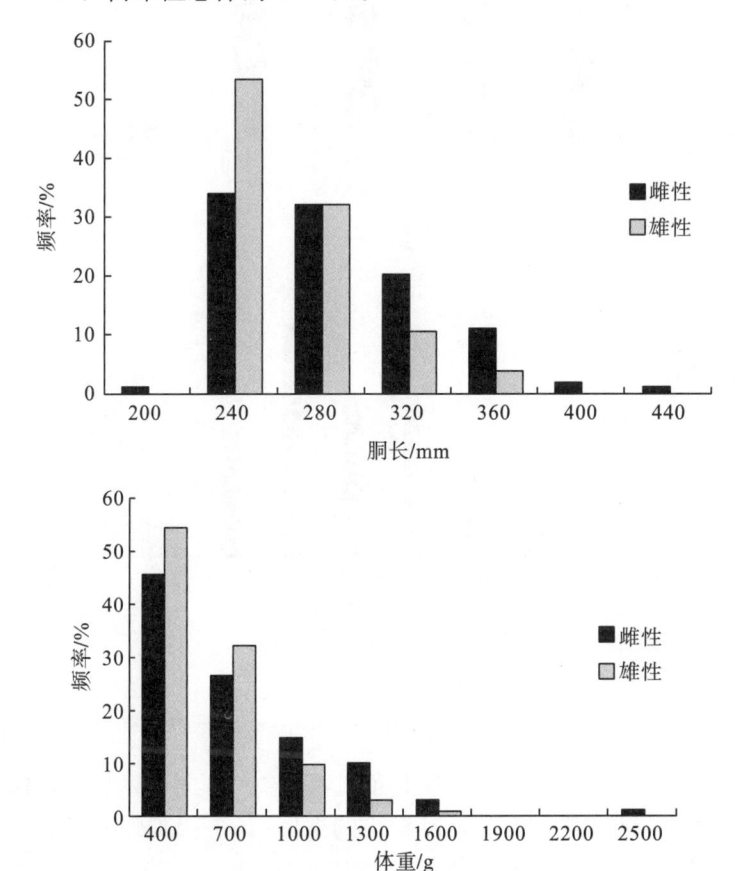

图 3-4 柔鱼体重与胴长分布

3.2.2.2 日龄与孵化日期

计数结果认为，雌性个体的日龄为 107~322d，平均日龄为 203d，优势日龄组为 150~300d，占所有雌性个体总数的 75.4%；雄性个体的日龄为 107~320d，平均日龄为 180d，优势日龄组为 110~250d，占所有雌性个体总数的 92.2%（图 3-5）。通过逆推算法得知，本书研究中样本的孵化月份分布于 2010 年 10 月~2011 年 6 月。雌性的孵化高峰期位于 2011 年的 1~4 月，占雌性总体的 72.7%；雄性的孵化高峰期位于 2011 年的 2~4 月，占雄性总体的 74.7%（图 3-5）。大多数的柔鱼个体在晚冬至初春时节孵化。

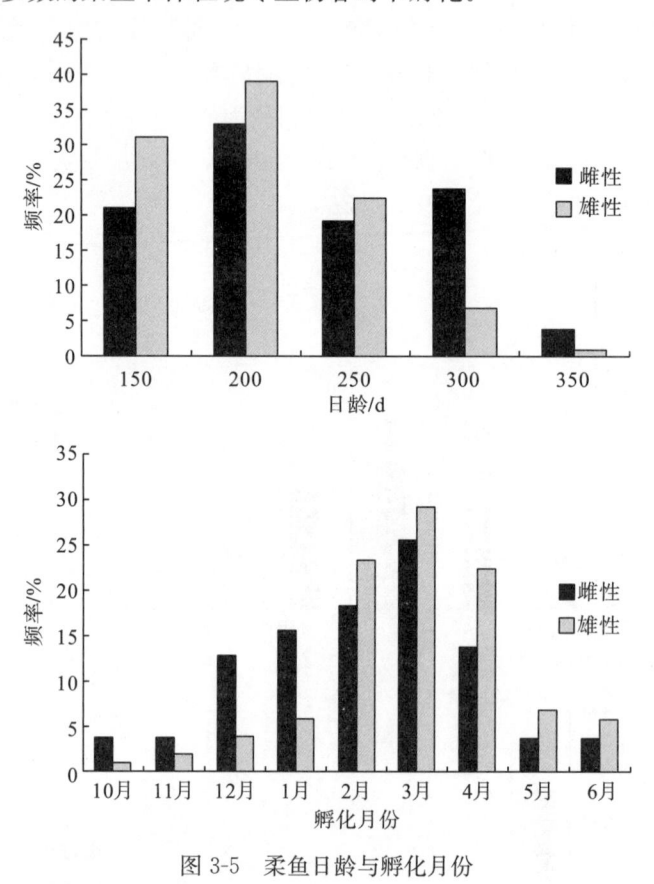

图 3-5　柔鱼日龄与孵化月份

3.2.2.3　角质颚生长率性别差异

尽管柔鱼个体的日龄不同，但是其角质颚的生长模式在六项角质颚测量参数上表现出类似的趋势（表 3-2）。年龄较小的个体（151~200d）中，除了上头盖长（UHL）外，雄性角质颚的各部位生长均快于雌性；在 201~250d 时，上喙长（URL）、上翼长（UWL）、下脊突长（LCL）和下侧壁长（LLWL）的雌性生长速度要快于雄性，总体雄性生长仍快于雌性。雌性个体日龄组 251~300d 中，所有的角质颚部位生长明显快于雄性，呈现明显的增长趋势；在日龄组 301~350d 中，角质颚的生长率趋于稳定，不同的性别在不同部位均有较快的生长特征（表 3-2）。

表 3-2　不同时期角质颚生长率性别差异

角质颚参数	绝对生长率 DGR/(mm·d^{-1})				相对生长率 G			
	151~200d	201~250d	251~300d	301~350d	151~200d	201~250d	251~300d	301~350d
UHL	F	F	F	M	F	F	F	M
UCL	M	M	F	F	M	M	F	M
URL	M	F	F	M	M	F	F	M
URW	M	M	M	M	M	M	M	M
ULWL	M	M	F	F	M	M	M	M
UWL	M	F	F	F	M	F	F	F
LHL	M	M	M	M	M	M	M	M
LCL	M	F	F	F	M	F	F	F
LRL	M	M	M	M	M	M	M	M
LRW	M	M	F	F	M	M	M	F
LLWL	M	F	F	M	M	F	F	M
LWL	M	M	F	M	M	M	F	M

注：F 为雌性生长较快的阶段；M 为雄性生长较快的阶段

通过协方差分析（ANCOVA）发现，雌雄个体在胴长、体重与上喙长之间的关系不存在差异（表 3-3）。因此将雌雄个体的数据合并进行分析。基于赤池信息准则（Akaike's information criterion，AIC），将四种模型分别进行拟合，选取最小的 AIC 为最适合的生长曲线，结果认为日龄与胴长/体重的生长曲线均符合指数生长模型，日龄与上喙长的生长曲线符合线性生长模型（表 3-4）。

表 3-3　各项参数协方差分析结果

测量值	F 值	P 值
胴长 ML	0.125	0.725[ns]
体重 BW	0.065	0.806[ns]
上喙长 URL	0.004	0.951[ns]

注：ns 为差异不显著

表 3-4　估算各种模型的参数值及 AIC 值

测量参数	模型	日龄/d a	日龄/d b	AIC
胴长 ML	线性	0.763	111.766	846.971
	幂函数	12.773	0.573	924.242
	指数	147.200	0.003	<u>755.171</u>
	对数	−500.730	145.350	1020.454
体重 BW	线性	5.389	−500.970	2008.414
	幂函数	0.008	2.102	1918.870
	指数	74.541	0.010	<u>1850.317</u>
	对数	−4704.3	1003.1	2091.505
上喙长 URL	线性	0.014	3.682	<u>−93.550</u>
	幂函数	0.682	0.427	−91.991
	指数	4.211	0.002	−93.228
	对数	−7.775	2.711	−89.493

注：下划线为 AIC 最小的值

3.3　讨论与分析

3.3.1　角质颚微结构

角质颚已经被广泛应用于许多近岸头足类的日龄估算中（如真蛸 *Octopus vulgaris*[133]；玛雅蛸 *Octopus maya*[198]）。柔鱼角质颚的微结构与其他头足类的角质颚结构类似。虽然柔鱼喙部所占脊突的比例比章鱼类的更大，但柔鱼喙端矢状平面的轮纹宽度却比章鱼类的更为窄（本书研究中仅为 12 μm，前人的研究中报道真蛸轮纹宽度约为 20 μm[127]，50 轮之后的轮纹宽度在 15～30 μm[129]）。喙端内侧中轴（IRA）是生长纹计数的主要部分，尽管没有在本书研究中测量这部分的长度，由于喙部较长，柔鱼的该部分似乎就要比章鱼类的也更为长。我们仅用反射光就能清晰地观察到柔鱼的生长，而 Perales-Raya 等[129]认为需要用紫光或者紫外线才能更好地观察生长纹。与此同时，我们在较低的放大倍数下就可以分别出喙端矢状平面上的生长纹，但是对此仍需谨慎，防止类似耳石中的轮纹结构而产生误判（如次生轮纹）[203]。研究还发现了标记轮，标记轮的出现往往和遭受重大的环境压力有关，如产卵、捕食，甚至死亡[133]。耳石的微结构中也常有类似的标记轮出现[159]。

3.3.2 角质颚研磨平面的选择

研究中,利用研磨 RSS 平面来估算柔鱼的日龄。正如耳石研磨一样,选择好的研磨平面对成功读取角质颚轮纹是至关重要的。Perales-Raya 等研究了观察角质颚轮纹的最佳平面[127]。而最终选择的研磨平面并不是观察的最佳平面,因为该平面在处理过程中会产生很大的误差。因此本研究在研磨处理过程中也需格外注意,尽量避免误差产生。我们将角质颚切割成两部分,将一面平行放置于容器进行包埋后,研磨的平面也会一直与观察面保持平行。更重要的是,为了防止切割过度而影响中心面的观测,切割完成的角质颚的两个部分并不完全对称,一部分应该相对较大,用于研磨观察。另外,本研究用小型切割机代替剪刀进行切割,也是为了防止剪刀损坏角质颚的切面。Oosthuizen[204] 根据 Perales-Raya 等[127]的方法进行处理,但是所获得的能读取日龄的角质颚比例很低(18.8%),因此后续的研究方法应该采用本研究的方法避免更多的损耗。

3.3.3 角质颚生长纹的验证

角质颚一日一轮的假说在真蛸(O. vulgaris)[130,133,204]和玛雅蛸[197,198]中已经得到了验证。而本研究则是首次针对大洋性头足类的整个生活史来验证其角质颚一日一轮的假说。之前针对鱿鱼的幼体有过类似的研究[205],通过角质颚侧壁的生长纹和耳石轮纹或者养殖实测日龄进行对比,来验证轮纹是每日沉积的[206]。不过不同于乌贼和章鱼类,鱿鱼在实验室的养殖还处在试验阶段,并没有形成一套完整的方法[206]。因此本研究中利用已经验证过耳石一日一轮规律的种类,来验证其角质颚生长纹一日一轮的规律,亦不失为一种可行的方法。

角质颚喙部由于摄食的原因可能会造成一定的腐蚀,因此利用喙端矢状平面(RSS)来进行日龄计数的结果会偏低[127,198]。喙端的第一轮即是柔鱼出生的第一天,喙部由于常用于咬合和撕裂食物,易受腐蚀而影响计数的结果[128-130]。而真蛸由于摄食习性与柔鱼不同,因此喙端的腐蚀很小[128]。今后的研究中我们在选择样本时也要注意不同种类的摄食习性,如在实验室中饲养,可用较软的食物进行喂养[197,198],同时在样本选择时要注意角质颚喙部的完整性。

3.3.4 柔鱼角质颚的生长及性别差异

头足类是典型的短周期生长特征的无脊椎动物。之前的研究均认为,柔鱼的平均日龄约为 1a[3,6,207,208]，而之前的估算均基于其耳石微结构，耳石被认定为鉴定头足类日龄的优良材料。在本研究中，所有柔鱼角质颚样本的日龄均小于 1a，这与之前基于耳石的日龄估算的结果一致，这是首次利用角质颚的微结构来估算北太平洋柔鱼的日龄。根据逆推算的结果，孵化时间在 1～4 月，这表明样本属于冬春生群体[6]。在每年的捕捞作业季节，冬春生群体的个体主要栖息于西北太平洋传统的作业渔场（150°～170°E）[168]。而在其他基于耳石的研究中，在相同海域和时间采集的样本也被认为是冬春生群体，与本研究一致[208]，所以角质颚是研究柔鱼类种类日龄鉴定的良好材料。

无论上下颚，脊突部分的生长均快于其他的部分，而喙部的生长是最为缓慢的。在日龄较大的时候，摄食的组成从原来的以小型浮游动物（如磷虾类和端足类）为主转变为大型的鱼类和头足类[7]。脊突部分较快的生长速度，也给了口球部分的肌肉更大的支撑面，使得柔鱼在摄食时更为有力地去咬碎更大的食物以适应摄食对象的转变[209]。角质颚不同部位的不同生长情况也是对摄食转变的一种策略性适应特征，这更有利于成体的新陈代谢及摄食活动。

角质颚的生长在不同性别间有着一定的差异。雄性相较于雌性在较小的日龄段生长较快（151～200d），而这种差异非常小（所有角质颚测量值的雌雄绝对生长率仅为 0.006mm·d^{-1}）。但是，雌性角质颚的生长在日龄段较大的时候明显快于雄性（251～300d）（所有角质颚测量值的雌雄绝对生长率为 0.024mm·d^{-1}）。这种不同日龄段雌雄生长的不同性在柔鱼个体外形变化中也有发现[159,208]，但角质颚的雌雄差异相对于胴长和体重的差异要小得多。在冬春生群体的整个生活史过程中，雌性和雄性都处在同一个栖息环境中[8]。产生这种性别差异主要可能是由于雌性在配子生成其间，需要摄入更多的能量从而维持新陈代谢所造成的[42]。

协方差分析认为，雌雄之间的角质颚参数与日龄的生长曲线不存在差异。指数方程是最适合胴长、体重的生长模型，线性方程式最适合上喙长的生长模型。之前已有类似的研究来建立胴长－日龄和体重－日龄的关系（如线性模型[3,6]、Gompertz 模型[6]和指数模型[207]）。指数模型用来描述生长速度很快的柔鱼类是符合逻辑的，但是模型选择也会受到样本大小和范围的影响。因为今后的研究中，应该选取更多的样本和更大范围的个体来准确地估算其生长方程。

3.3.5 柔鱼生长方程的年间差异

利用本研究中的生长曲线与前人的研究结果进行比较，发现本研究中的生长曲线要略低于之前的研究（图 3-6）。造成这种现象可能有两个潜在的原因：①研究中的雌性个体属于西部群体中个体较小的亚群体[6]，该亚群的生长率较低，尤其与 Yatsu 等[3]的研究样本相比，其样本属于西部群体个体较大的亚群体；②个体大小和寿命的长短也受到周围环境温度的影响，这种影响在极端气候下尤为明显（如厄尔尼诺或拉尼娜现象），该情况已经在茎柔鱼（$D.\ gigas$）的研究中得到证实[31]。

在前人的研究中，水温较高的年份采集的样本，其个体较大且日龄较长（如在 Yatsu[4]的研究中采集于 1991~1993 年的样本和 Chen 等[6]的研究中采集的 1997 年的样本）；而在水温较低的年份采集的样本，个体较小且日龄较短（如陈新军等[208]的研究中所采集的 2007 年的样本）（图 3-6）。模型的选择也受到样本大小和样本范围的影响。今后的研究中应加强样本的采集并扩大样本范围，希望能更彻底地研究柔鱼的生长特点。

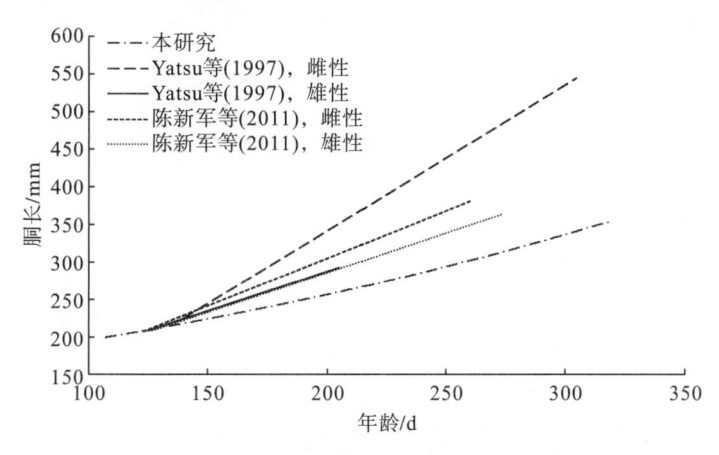

图 3-6　不同研究的柔鱼日龄与胴长关系比较

3.4　小　结

(1) 耳石的生长纹呈同心圆排列，四个区域的特征明显；在角质颚喙部的微结构中，纵向轮纹从喙端到头盖与脊突连接处的部分清晰可见，摄食行为会引起喙端部分被腐蚀，其中生长纹非常清晰，且呈明暗相间的条带分布，也有标记轮的存在。

(2) 大多数耳石的生长纹数目多于角质颚的生长纹数，这也基本验证了角质颚喙部轮纹一日一轮的特征。两种硬组织的生长纹数目差异不明显，两者关系的决定系数接近 1。因此可以认为，角质颚也是估算头足类日龄的可靠材料之一。而角质颚处理起来相对简单和便捷，也使得其有着良好的推广价值。

(3) 利用角质颚对柔鱼日龄进行估算，认为样本的日龄为 107~322d，根据逆推算其孵化日期，高峰期为 1~4 月，为冬春生群体。

(4) 生长初期，雄性个体角质颚生长较快，随后 251~300d 的个体，雌性角质颚生长快于雄性个体。不同时期的角质颚形态在不同的性别中的生长速率也不同。

(5)胴长、体重与日龄的关系均呈指数生长,与前人研究的结果有所不同。从生长曲线的趋势来看,本研究中生长趋势较为平缓,可能是由于角质颚读取的日龄偏低而造成的,同时不同年份不同环境因素的变化也会对柔鱼的生长产生很大的影响。

第 4 章 柔鱼角质颚色素沉着及其摄食生态的研究

角质颚作为头足类重要的摄食器官,承载了许多重要的生态学信息,其表面色素沉着的变化与摄食偏好和摄食行为的变化有着密切关系。此外,角质颚的结构单一,也是用于稳定同位素分析的良好材料之一。

柔鱼作为一种重要的高级无脊椎动物,在北太平洋的生态系统中具有重要的地位,其捕食者和被捕食者的双重身份对研究海洋生态系统中其他种类的摄食行为和生态能量流动有着极大的意义。为此,本章通过重新定义角质颚的色素沉着等级,对不同性别的角质颚色素沉着变化进行分析,找出规律;同时将不同群体柔鱼的角质颚进行稳定同位素分析,找出不同群体个体的营养级差异,与柔鱼的生活史状况和摄食行为变化相结合,分析不同群体及不同时期生态位变化的原因。

4.1 柔鱼角质颚色素沉着等级判定及性别差异

4.1.1 材料与方法

4.1.1.1 材料来源及基础测定

采样范围见 2.1.1.1 小节。随机挑选样本共 401 尾,其中雌性 290 尾,雄性 111 尾。从柔鱼个体的口球中采集出完整的角质颚(具体方法见 2.1.1.2 小节)。

分别测定样本的胴长(mantel length,ML)、体重(body weight,BW)、性别。然后测定角质颚的 12 个参数值(见 2.1.2.3 小节)。用电子天平(Sartorious BSA223S)测定上角质颚(upper beak weight,UBW)和下角质颚(lower beak weight,LBW)的重量,并精确到 0.01g。

4.1.1.2 色素沉着判定和数据分析

由于 Hernández-García 等[86]和 Hernández-García[87]所提出的色素沉着等级中仅仅对上颚的侧壁变化规律进行了描述,而我们在观察中发现角质颚头盖的色素变化也很明显,同时头盖的长度对整个角质颚的生长也起到了指标作用,因此在本研究中增加了对头盖部分色素沉着的描述(表 4-1),重新对色素沉着等级进行划分和定义。

表 4-1 柔鱼上下角质颚色素等级对应特征

等级	特征描述	胴长/mm 雌性	胴长/mm 雄性
1	上颚:头盖喙端有部分色素,侧壁无任何色素沉着 下颚:头盖的一半有色素沉着,翼部无色素沉着	202~393	202~258
2	上颚:头盖 2/3 被黑色素覆盖,脊突部色素向后蔓延,侧壁无任何色素沉着 下颚:几乎整个头盖都有色素沉着,翼部无色素沉着	208~370	202~254
3	上颚:头盖几乎全部被黑色素覆盖,侧壁在翼部和头盖边缘开始有色素沉着 下颚:翼部开始出现色素沉着,侧壁处色素继续加深,头盖处色素开始向肩部蔓延	237~397	223~291
4	上颚:头盖全部被黑色素覆盖,脊突部色素开始向侧壁处向下延伸,翼部与侧壁处色素向上延伸,形成三角形"无色素区" 下颚:翼部色素的范围继续扩大,肩部色素有少量与翼部色素交汇	249~418	253~306
5	上颚:侧壁处向下延伸和向上延伸的色素团交汇,"无色素区"开始缩小 下颚:肩部仅有一条窄带未有色素沉着,齿透明带仍然存在,但已很微弱	316~442	273~318
6	上颚:已无可分辨的单独色素块,侧壁大部分有色素沉着,边缘呈棕色 下颚:翼部全部由色素沉着覆盖,颜色较浅;齿部仅有较小或无透明带;肩部软骨缩小或消失	394~473	—
7	上颚:侧壁大部分色素沉着呈黑色,仅最边缘未有色素 下颚:色素完全沉着于下颚,在头盖和肩部接近黑色;翼部色素也接近深棕色	404~483	—

确定个体的色素沉着等级后,利用协方差分析(ANCOVA)对不同性别的胴长、体重和 12 个角质颚参数进行分析,检验雌雄之间是否存在差异。如果雌雄存在差异,则用方差分析(ANOVA)来比较不同色素沉着等级的角质颚参数差异。若不同色素沉着等级角质颚参数差异存在,则利用两两比较(post-hoc 比较,Scheffe 法)找出存在差异的等级。利用不同的回归曲线来拟合胴长和存在色素变化的角质颚参数(如头盖长、侧壁长和翼长),用最小 AIC 值来找出最适曲线描述两者的关系[199,200]。本研究的统计分析方法均用 SPSS 17.0 进行。

4.1.2 结果

4.1.2.1 色素沉着等级划分

上颚的色素沉着随着胴长的增长而不断增加。因为雌雄个体在胴长上的差异,本研究中对雌性判定了 7 个色素沉着等级,对雄性判定了 5 个色素沉着等级(图 4-1)。其中最突出的色素沉着部位是在上颚的头盖和侧壁,以及下颚的肩部和翼部。根据图 4-1 所示,在第 1 级中已有一半的头盖色素被覆盖,第 2 级中 3/4 的头盖被色素覆盖;而在 4 级后,除了头盖边缘,几乎所有的头盖都已经被色素覆盖。在 2 至 3 级,仅有两个色素块分布在上颚侧壁的周围,分别分布于翼部和脊突(图 4-1)。这两个色素块在色素等级为 4 级时已连接在一起,然后逐渐分散开。在 6 至 7 级时,色素已经覆盖了侧壁的大部分(图 4-1)。

在下颚中,1 级时色素沉着已经占据了一半的头盖和肩部;而在 2 级时,整个头盖部已经变为黑色(图 4-1)。在前两级中,色素沉着没有出现在翼部(图 4-1)。在 3 级时,色素沉着在下颚的翼部可见(图 4-1)。整个翼部在 4 级时已全部覆盖色素,黑色色素在 5 级时已经与肩部连接(图 4-1)。整个色素沉着区域在 6 级时已经变为棕色,这些色素在 7 级时已经变为黑色(图 4-1)。色素沉着在上颚和下颚的边缘部位都未发现(图 4-1)。

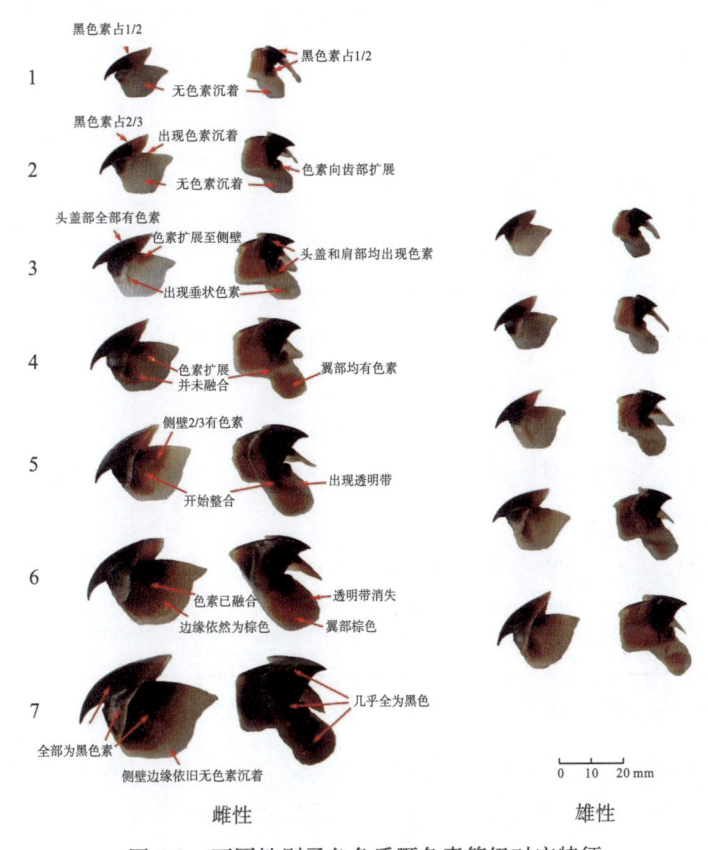

图 4-1 不同性别柔鱼角质颚色素等级对应特征

4.1.2.2 色素变化在角质颚生长中的性别差异

不同等级的色素沉着在不同的性别中也存在着差异。方差分析结果认为，除了下喙长以外，雄性个体其他角质颚的测量值都在不同的色素沉着等级上存在差异（表4-2）。色素沉着等级5、6、7上雌性个体胴长不存在差异，同时其体重在3和4级，6和7级之间也不存在差异（图4-2）。而胴长和体重在雄性个体中呈现类似的变化趋势。

表 4-2 不同柔鱼角质颚色素等级之间各项参数值的方差分析结果

测量参数	方差分析 ANOVA					
	雌性			雄性		
	df	F	P	df	F	P
胴长 ML	288	130.62	**	109	85.83	**
体重 BW	288	174.00	**	109	110.30	**
上头盖长 UHL	288	161.43	**	109	89.11	**
上脊突长 UCL	288	137.56	**	109	95.88	**
上喙长 URL	288	112.53	**	109	39.25	**
上喙宽 URW	288	98.43	**	109	18.88	**
上侧壁长 ULWL	288	165.44	**	109	96.97	**
上翼长 UWL	288	121.72	**	109	38.76	**
下头盖长 LHL	288	91.54	**	109	28.04	**
下脊突长 LCL	288	125.97	**	109	52.95	**
下喙长 LRL	288	110.41	**	109	1.16	ns
下喙宽 LRW	288	142.61	**	109	47.45	**
下侧壁长 LLWL	288	105.48	**	109	27.81	**
下翼长 LWL	288	148.54	**	109	58.95	**
上颚重 UBW	288	179.04	**	109	86.71	**
下颚重 LBW	288	147.34	**	109	48.31	**

注：ns 为无差异（$P>0.05$），** 为有显著差异（$P<0.05$）

在雌性个体中，角质颚有色素沉着的部分，除了下翼长外，其他部分在3级和4级之前均没有差异（图4-2）；只有上头盖长和上侧壁长在色素等级6和7级之间没有差异（图4-2）；其他的角质颚参数在色素等级5、6、7级之间均无差异（图4-2）。雄性个体中，除了等级1、2之外，所有角质颚在不同的色素沉着等级中都存在差异（图4-2）。

雌性上颚重量在3和4级，5至7级均没有差异；雄性色素沉着1级和2级在上下颚的重量中均没有差异(图4-2)。

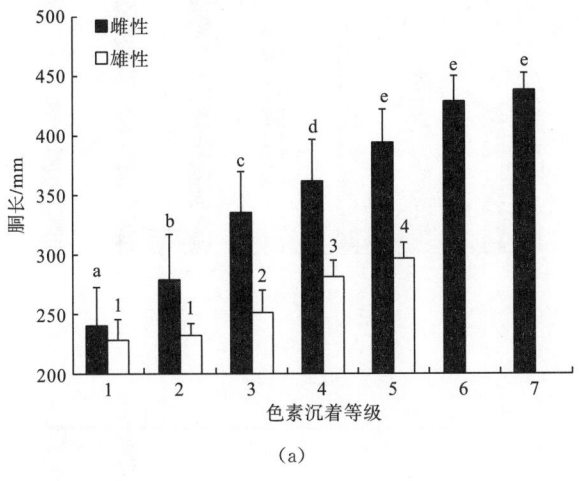

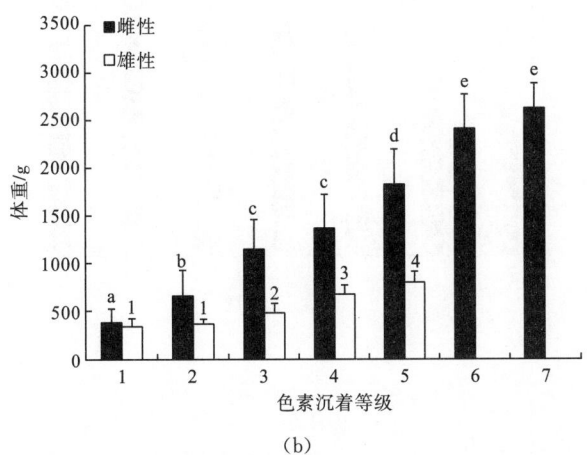

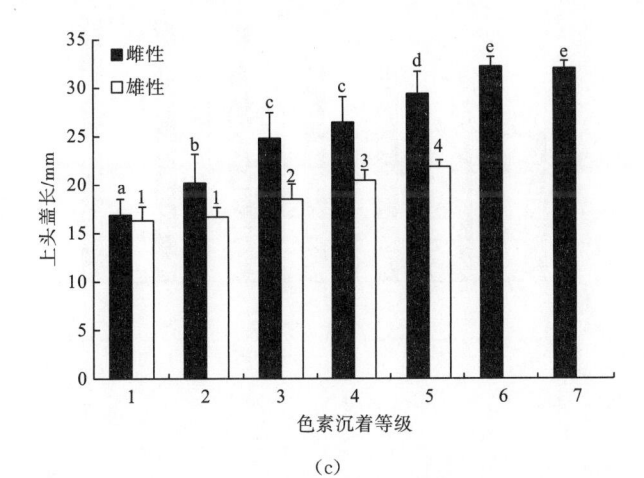

(a)

(b)

(c)

(d)

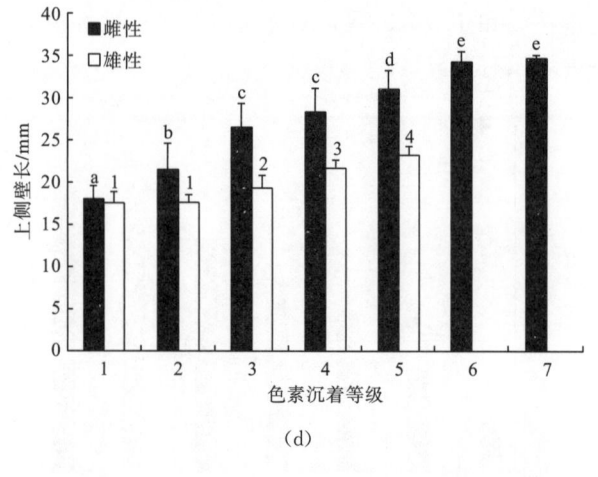

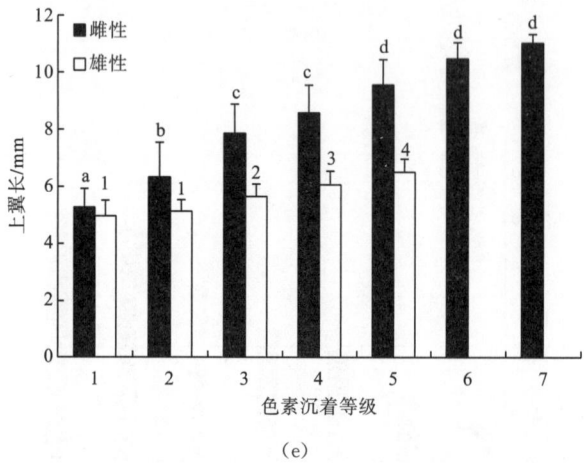

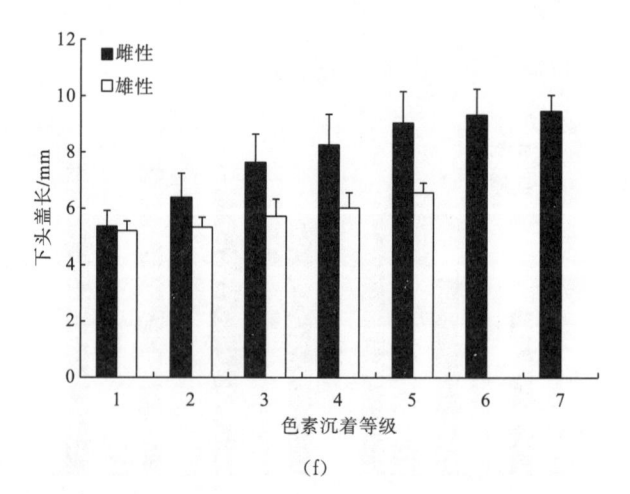

(e)

(f)

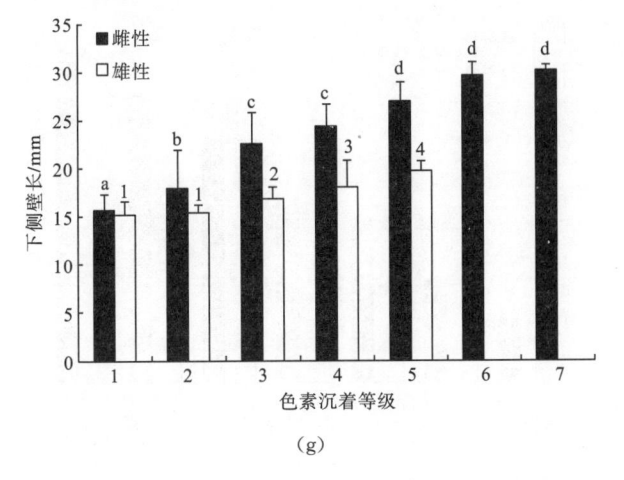

第 4 章　柔鱼角质颚色素沉着及其摄食生态的研究

(g)

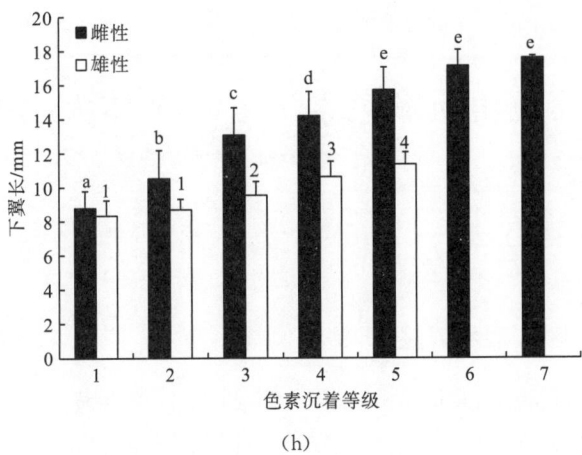

(h)

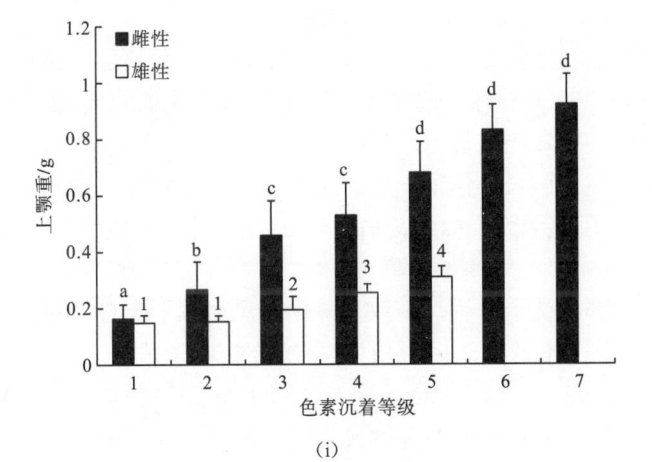

(i)

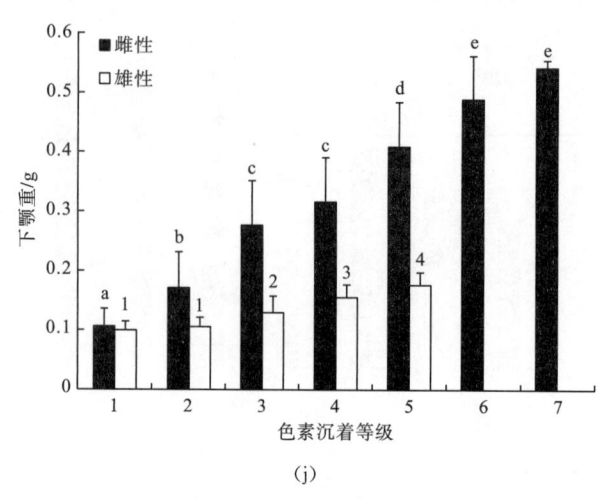

图 4-2 不同色素等级间角质颚参数差异及两两差异

4.2 柔鱼角质颚色素沉着与个体大小的关系

4.2.1 材料与方法

4.2.1.1 材料来源及基础数据测定

样本采集时间为 2011 年 8~10 月，鱿钓船生产海域为 38°36′~43°08′N、150°25′~166°56′E(图 2-1)。共 18 个站点累计采集 395 尾(雌性 242 尾，雄性 153 尾)，所获得的样本经冷冻保藏运回实验室。

将样品解冻后，依据 2.1.1.1 小节的方法取出下角质颚。最后得到完整角质颚样本 171 对(雌 69 对、雄 102 对)。对取出的角质颚进行编号并存放于盛有 75%乙醇溶液的 50mL 离心管中。

分别测定柔鱼的胴长、体重，鉴定性别和性腺成熟度。胴长用皮尺测量，精确至 1mm。体重用电子天平称量，精确到 0.1g。性腺成熟度划分为 Ⅰ、Ⅱ、Ⅲ、Ⅳ、Ⅴ 五期[154]。

将角质颚外部清洗干净后，用数显游标卡尺对其形态进行测量。首先沿水平和垂直两个方向进行校准，然后对角质颚的下颚进行测量(图 2-2)，包括下头盖长(LHL)、下脊突长(LCL)、下喙长(LRL)、下喙宽(LRW)、下侧壁长(LLWL)、下翼长(LWL)6 项形态参数，测量精确至 0.1mm。

4.2.1.2 色素沉着等级划分及分析方法

对柔鱼的色素沉着进行分级(图 4-1)，然后进行下列分析。

(1) 色素沉着等级的频度组成。按月对不同性别柔鱼进行角质颚色素沉着各等级的频度分析，探讨不同月份渔获个体角质颚的色素沉着变化，以及优势组成。

(2) 色素沉着等级与胴长、体重的关系。按雌雄不同个体分析不同渔获个体大小（以胴长和体重表示）与色素沉着等级的关系，并尝试利用一般线性方程拟合二者之间的相关性。

(3) 色素沉着等级与角质颚下颚形态参数的关系。由于角质颚判定等级是以下颚作为依据[86,87]，同时角质颚的色素沉着主要部位集中在喙部、翼部以及侧壁部，因此本研究测定的 6 项形态数据中，选用 LHL、LCL、LLWL、LWL 分别与色素沉着等级建立关系式，探讨色素沉着等级与角质颚生长的关系。

4.2.2 结果

4.2.2.1 色素沉着等级的频度分析

分析认为，柔鱼雌性个体胴长和体重分别为 187～437mm、241.4～2678.1g，平均胴长和体重分别为 296.1mm、878.6g；雄性个体胴长和体重分别为 165～395mm、178.6～1170.4g，平均胴长和体重分别为 258.6mm、543.9g。

8～10 月的雌性个体中，以 2 级色素沉着所占比例为最高（图 4-3），8～10 月各月 2 级色素等级所占的比例分别为 58.14%、53.84% 和 38.46%；其次为 3 级和 4 级，所占比例分别为 27.36%、30.28% 和 37.56%。雄性个体在 8 月和 9 月占最高比例的色素沉着是 2 级，分别为 29.58% 和 44.44%；10 月占最高比例的是 5 级，为 46.15%。总体来看，随着月份的增加，更高的角质颚色素沉着等级所占的比例也越大，雄性比雌性具有更为明显的趋势。而低等级的色素沉着比例也不断减小，10 月已经没有 1 级的个体出现。

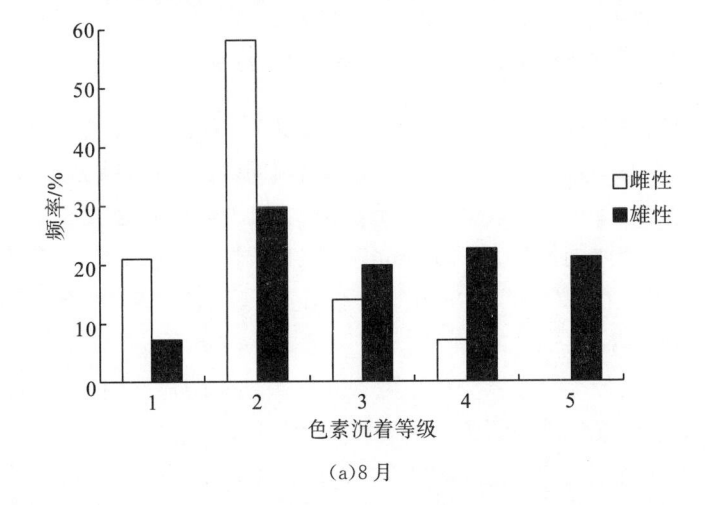

(a) 8 月

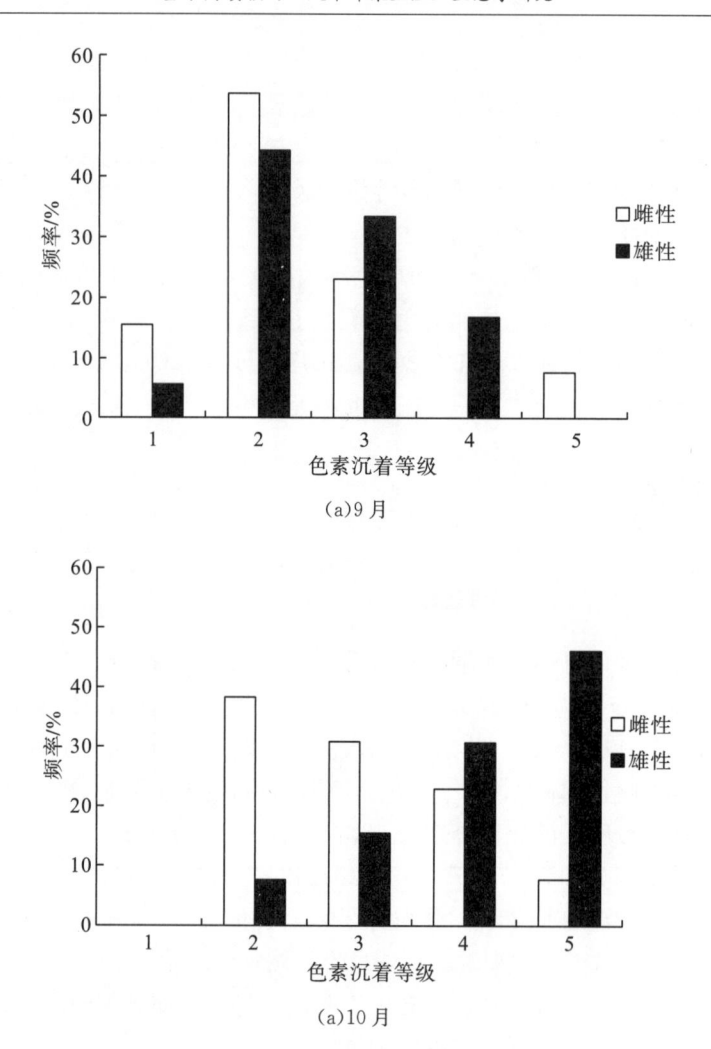

图 4-3 各月柔鱼角质颚色素沉着等级的频度分布

4.2.2.2 色素沉着等级与胴长和体重的关系

由胴长与色素沉着等级关系分析发现,色素沉着等级随着胴长的增加而呈阶梯式分布[图 4-4(a),(b)]。其中,雌性样本中色素沉着等级为 1~2 级的个体,其胴长在 200~250mm;色素沉着等级 3~4 级的个体胴长多大于 250mm,色素沉着等级 5 级的个体胴长都大于 300mm。雄性样本中,色素沉着等级为 1~2 级的个体,其胴长在 200~250mm;色素沉着等级为 3~5 级的个体胴长在 250~300mm。

体重与色素沉着等级关系分析中发现,其关系不明显[图 4-4(c),(d)]。其中,雌性样本中色素沉着等级为 1~2 级的个体,其体重在 200~600g;色素沉着等级为 3~4 级的个体,体重在 600~1000g;色素沉着等级 5 级的个体,体重多大于1000g。雄性样本中，色素沉着等级为1~2级的个体，其体重多小于200g；色素沉着等级为3~5级的个体，其体重多大于250g。

色素沉着等级与胴长和体重的关系式如下：

雌性：ML=72.338lnX + 201.73（R^2 = 0.3836；n=69；P<0.01）

　　　BW=448.2lnX + 214.55（R^2 = 0.5875；n=69；P<0.01）

雄性：ML=60.235lnX + 193.24（R^2 = 0.7238；n=102；P<0.01）

　　　BW=375.9lnX + 133.48（R^2 = 0.7096；n=102；P<0.01）

式中，ML和BW分别为胴长(mm)和体重(g)；X均为色素沉着等级。

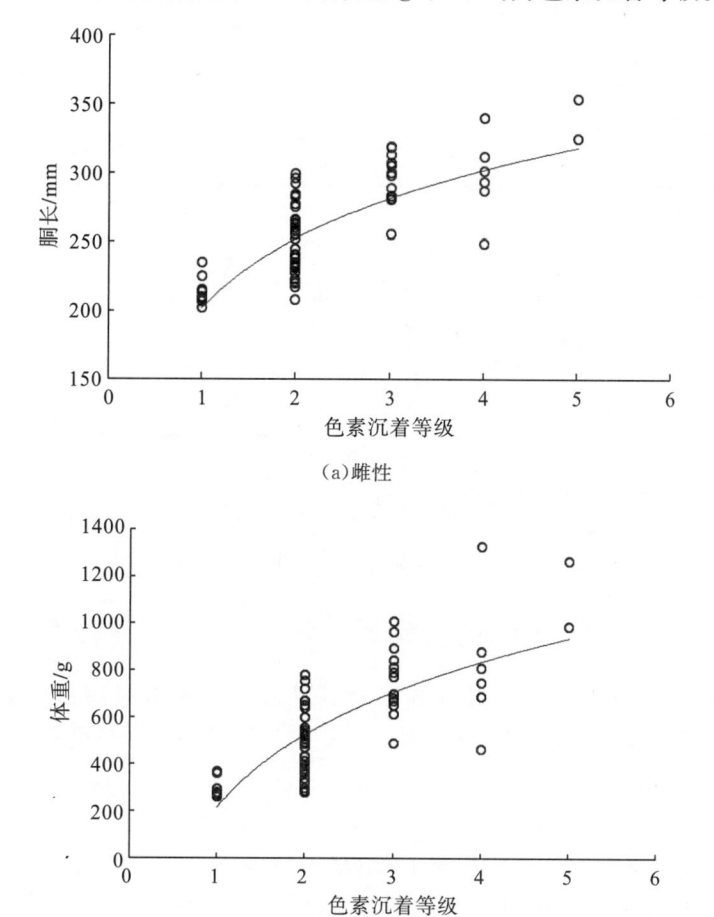

(a)雌性

(b)雌性

(c)雄性

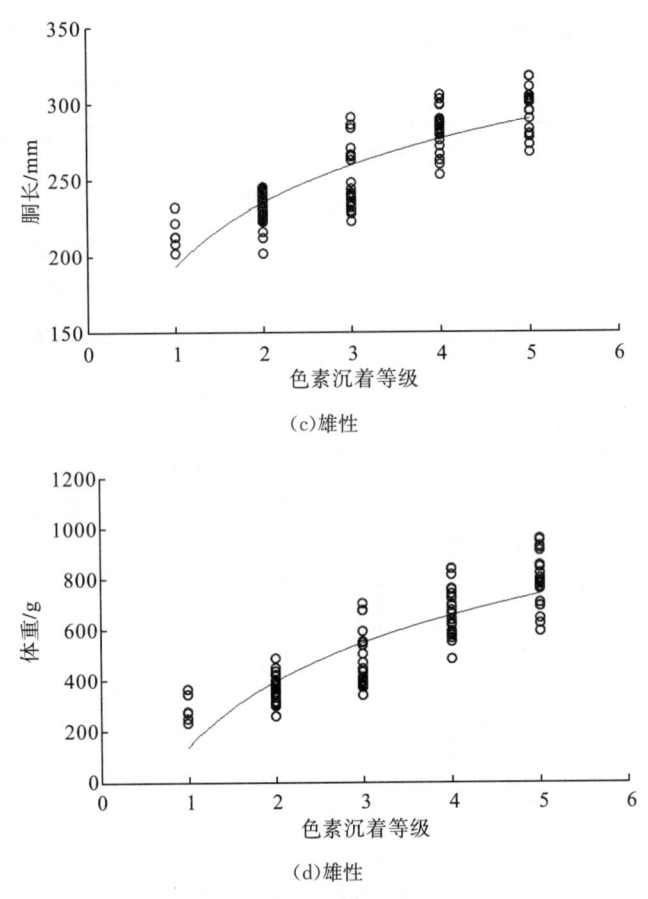

(d)雄性

图 4-4 柔鱼角质颚色素沉着等级与胴长和体重的关系

4.2.2.3 色素沉着与角质颚形态之间的关系

分析发现,角质颚色素沉着等级与其外部形态参数呈现出一定的相关性(图 4-5)。统计分析认为,除 LRL 外,其他角质颚形态参数与色素沉着等级关系显著。其关系式如下:

雌性：LHL=$1.6023\ln X + 4.8353$($R^2 = 0.5484$；$n=69$；$P<0.01$)
　　　LCL=$3.2573\ln X + 9.1586$($R^2 = 0.5797$；$n=69$；$P<0.01$)
　　　LLWL=$5.2988\ln X + 13.095$($R^2 = 0.4450$；$n=69$；$P<0.01$)
　　　LWL=$3.104\ln X + 7.518$($R^2 = 0.6004$；$n=69$；$P<0.01$)

雄性：LHL=$0.9646\ln X + 4.7745$($R^2 = 0.4146$；$n=102$；$P<0.01$)
　　　LCL=$2.5632\ln X + 8.5934$($R^2 = 0.6144$；$n=102$；$P<0.01$)
　　　LLWL=$3.7362\ln X + 12.961$($R^2 = 0.4861$；$n=102$；$P<0.01$)
　　　LWL=$2.5429\ln X + 7.0296$($R^2 = 0.6818$；$n=102$；$P<0.01$)

式中,X 均为色素沉着等级。

(a)雌性

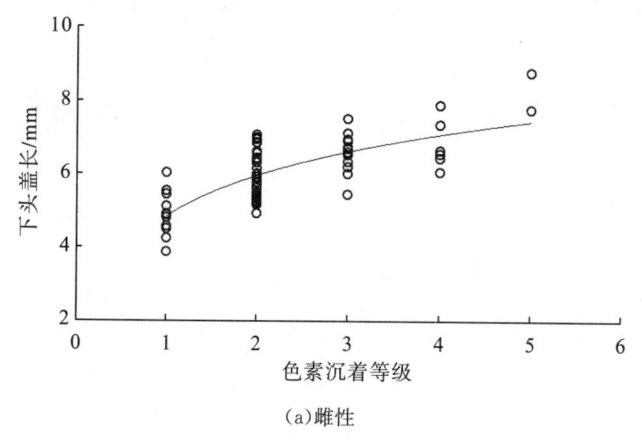

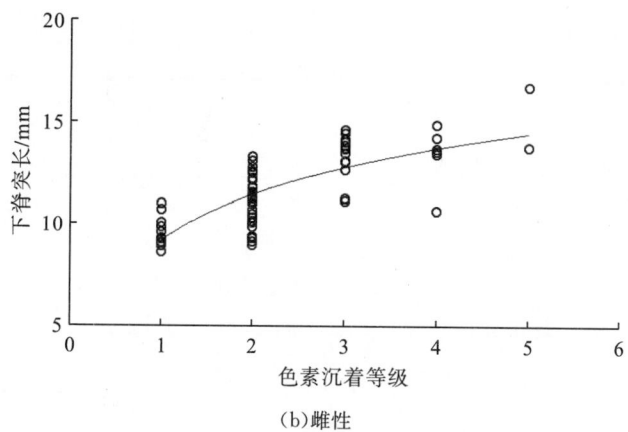

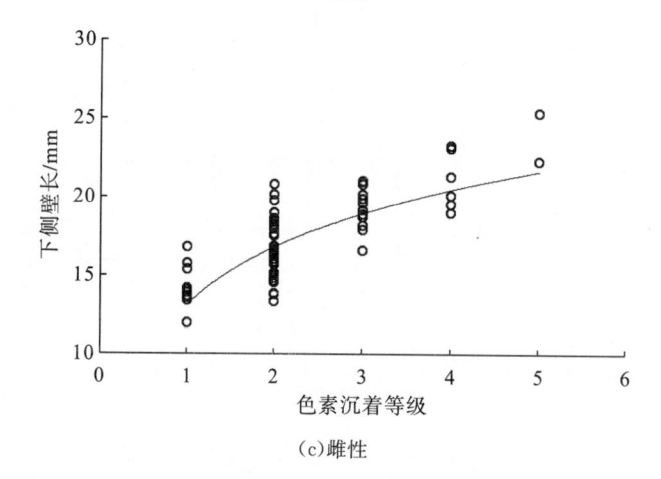

(b)雌性

(c)雌性

(d)雌性

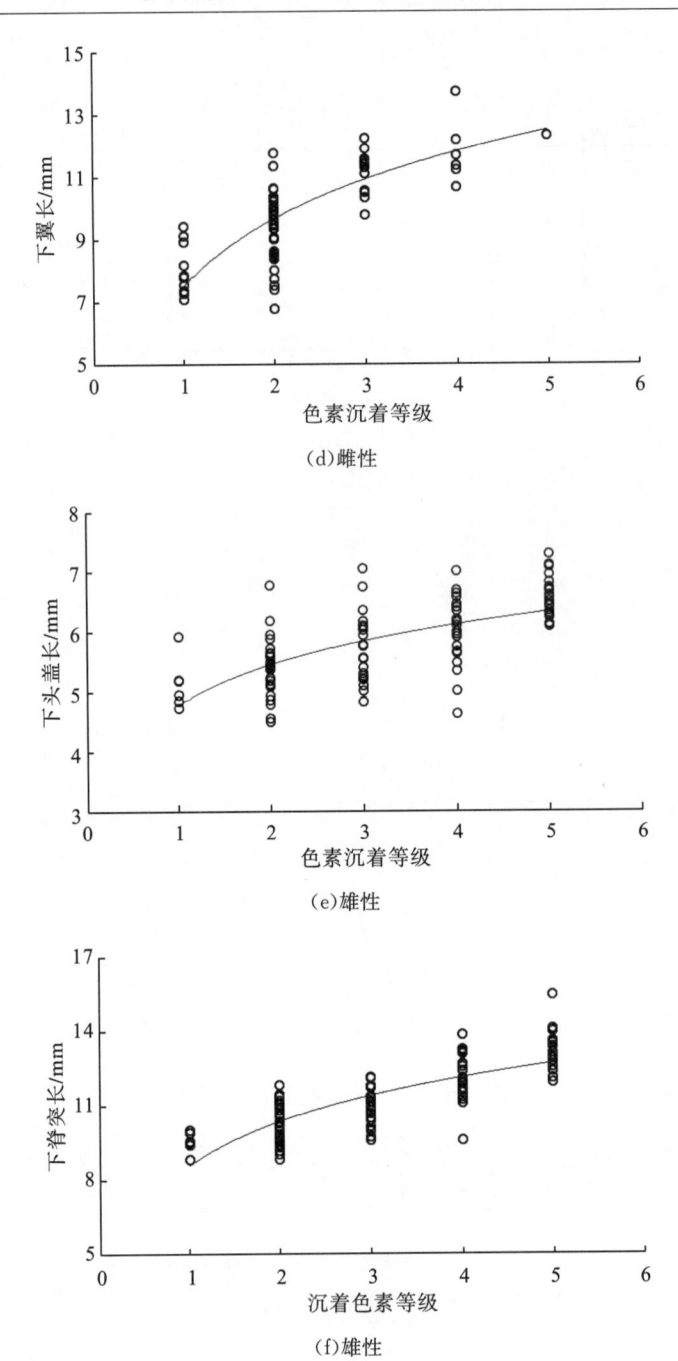

(e)雄性

(f)雄性

(g)雄性

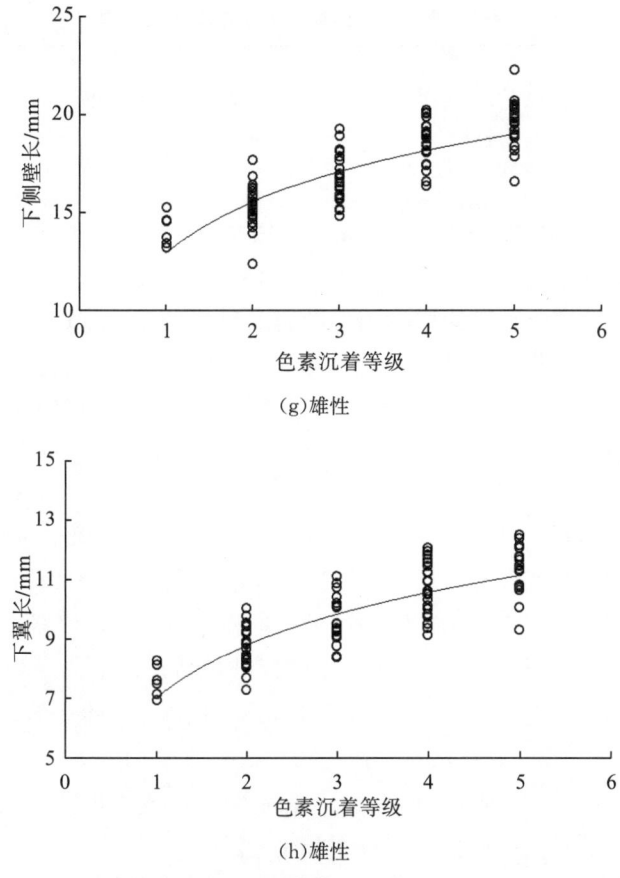

(h)雄性

图 4-5 柔鱼角质颚色素沉着等级与下角质颚各外部形态的关系

4.3 柔鱼不同群体的角质颚稳定同位素变化

4.3.1 材料与方法

4.3.1.1 材料来源及同位素测定

采样范围见 2.1.1.1 小节。随机挑选样本共 60 尾，东西部海域各 30 尾。从柔鱼个体的口球中采集出完整的角质颚。相关的基础生物学数据见表 4-3。

表 4-3　两个柔鱼群体的各项基本形态参数

群体	样本总数(雌,雄)	胴长/mm 范围	胴长/mm 平均值±标准差
西部群体	30(18, 12)	163～421	274±71
东部群体	30(20, 10)	208～473	315±84

在进行稳定同位素分析之前，用超纯水清洗至少 5min，然后放入冷冻干燥机中干燥 24h。每个干燥完的样本用自动研磨机研磨 1.5min 至粉末状。然后用电子天平称重，每个样品约为 1.50±0.05mg，然后用锡纸包好。随后将包好的角质颚粉末放进稳定同位素质谱仪(IsoPrime 100，IsoPrime Corporation，Cheadle，UK)中进行分析。仪器设备来自上海海洋大学大洋渔业可持续开发教育部重点实验室。

对于碳元素而言，其标准参考物质为 Pee Dee 箭石(V-PDB)，而氮的标准参考物为大气中的氮气(N_2)。以 USGS 24(－16.049‰ V-PDB)作为 $\delta^{13}C$ 的校准物，USGS 26(53.7‰ V-N_2)作为 $\delta^{15}N$ 的校准物。为了消除仪器运行多次所存在的误差，每 10 个待测样品中插入 3 个上述标准样品来标定待测样品。两个元素的分析精确度均小于 0.1‰。$\delta^{13}C$ 和 $\delta^{15}N$ 样本可用以下标准公式来表示[151]：

$$\delta X\ (‰) = (R_{sample}/R_{standard}-1) \times 1000$$

其中，R_{sample} 和 $R_{standard}$ 分别代表样品和标样的 $^{13}C/^{12}C$ 或 $^{15}N/^{14}N$ 的比值。δX 为样品经测试后质子数较大的同位素与较小的比值。

4.3.1.2　数据分析

(1)数据预处理。所有稳定同位素的值均经过方差异质性检验，同时也均符合正态分布。

(2)上下颚差异性检验。用两组间 t 检验对不同群体柔鱼角质颚的 $\delta^{13}C$ 和 $\delta^{15}N$ 的值进行差异分析。使用配对 t 检验来分析上下颚之间稳定同位素的差异。

(3)生态位建立碳氮双轴图来评估两个群体的生态位的变化(附录 3 和附录 4)。

(4)计算离岸距离。两个群体不同的地理范围可能会引起同位素值的差异，因此本研究计算了每个样本捕捞地点至大陆架的距离(distance to shelf break，DSB)用以进行后续分析。用 R 语言程序"geosphere"包中的"dist2Line"程序来计算特定点到最近的海岸线的距离，该距离的计算基于大圆弧(great circle)理论[210]。

(5)模型建立。两个自变量($\delta^{13}C$ 和 $\delta^{15}N$)、三个应变量[纬度(LAT)、胴长(ML)和离岸距离(DSB)]可能是非线性的且为多元[211]；因此本研究使用广义加性模型(generalized additive model，GAM)来拟合两者的关系[211,212]。利用赤池信息法则(Akaike information criterion，AIC)，找出其 AIC 值最小的模型为最优拟合[199]，分析不同生长阶段柔鱼稳定同位素的变化规律(附录3和附录4)。

4.3.2 结果

4.3.2.1 不同群体间角质颚稳定同位素的差异

分析结果认为，西部群体个体的角质颚稳定同位素值高于东部群体的个体(表4-4)。独立 t 检验的结果表明，两个不同群体在胴长组成上存在显著差异($P<0.05$；表4-4)，稳定同位素值在两个群体中也存在差异($P<0.05$；表4-4)。而上颚和下颚的碳氮比值(C/N)在两个群体中不存在差异($P>0.05$；表4-5)。上颚的同位素值低于下颚的值(表4-4)，同时两个群体的上颚与下颚的稳定同位素值也存在着差异($P<0.05$；表4-5)。

表 4-4 北太东西部柔鱼群体角质颚稳定同位素参数

群体	上颚					
	$\delta^{13}C$/‰		$\delta^{15}N$/‰		C/N	
	范围	平均值±标准差	范围	平均值±标准差	范围	平均值±标准差
西部	$-18.5\sim-17.3$	-18.0 ± 0.3	$7.0\sim10.2$	8.8 ± 0.8	$3.2\sim4.1$	3.9 ± 0.2
东部	$-18.9\sim-17.8$	-18.5 ± 0.3	$4.6\sim10.3$	6.8 ± 1.4	$3.2\sim4.4$	4.0 ± 0.3

群体	下颚					
	$\delta^{13}C$/‰		$\delta^{15}N$/‰		C/N	
	范围	平均值±标准差	范围	平均值±标准差	范围	平均值±标准差
西部	$-18.3\sim-17.3$	-17.8 ± 0.2	$7.3\sim10.2$	9.0 ± 0.7	$3.0\sim3.6$	3.3 ± 0.1
东部	$-18.8\sim-17.1$	-18.1 ± 0.3	$5.4\sim10.3$	6.9 ± 1.5	$3.0\sim3.6$	3.4 ± 0.2

表 4-5 东西部柔鱼群体之间稳定同位素差异(t 检验)

群组	参数	df	t	P
群体	ML	58	2.01	0.05
	CU	58	-6.30	<0.01
	NU	58	-6.31	<0.01
	C/NU	58	1.38	0.17[ns]
	CL	58	-4.02	<0.01
	NL	58	-5.78	<0.01
	C/NL	58	1.08	0.28[ns]

续表

群组	参数	df	t	P
上下颚	CE	29	−9.89	<0.01
	NE	29	−7.71	<0.01
	C/NE	29	14.10	<0.01
	CW	29	−7.83	<0.01
	NW	29	−4.97	<0.01
	C/NW	29	17.00	<0.01

在摄食生态位图中发现两个群体的营养级有较大的重叠［图 4-6(a)］。西部群体的营养级更为集中，有着较高的 δ^{13}C 和 δ^{15}N［图 4-6(a)］。东部群体中，营养级从低 δ^{13}C 和 δ^{15}N 值到高 δ^{13}C 和 δ^{15}N 值有着较明显的变化［图 4-6(a)］。这种变化也伴随着胴长的不断增长。

考虑到东部群体中不同个体的大小，本研究将其中的个体分为两个组来分析该群体的稳定同位素变化：东部大个体（胴长大于 350mm，平均胴长 418.1mm；上颚 δ^{13}C：−18.2 ± 0.2，δ^{15}N：8.5 ± 0.5；下颚 δ^{13}C：−17.8 ± 0.1，δ^{15}N：9.1 ± 0.6）与西部群体有着相似的营养级（平均胴长 274.4mm；上颚 δ^{13}C：−18.0 ± 0.3，δ^{15}N：8.8 ± 0.8；下颚 δ^{13}C：−17.8 ± 0.2，δ^{15}N：9.1 ± 0.7）［(图 4-6(b)］。东部小个体（胴长小于 350mm，平均胴长 262.8mm）与其他个体相比较而言，营养级较低（上颚 δ^{13}C：−18.6 ± 0.2；δ^{15}N：6.0 ± 0.9；下颚 δ^{13}C：−18.3 ± 0.3；δ^{15}N：6.5 ± 0.8）［图 4-6(b)］。

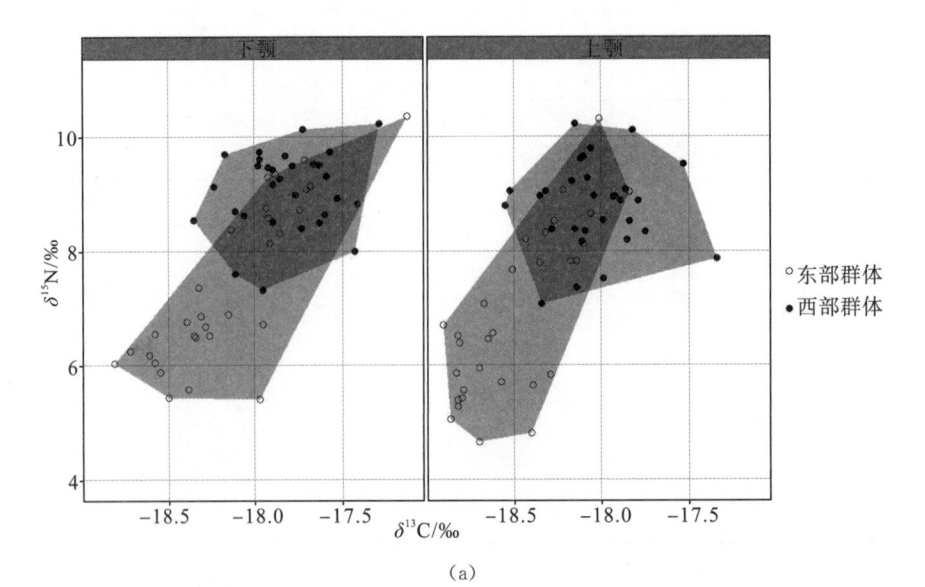

(a)

(b)

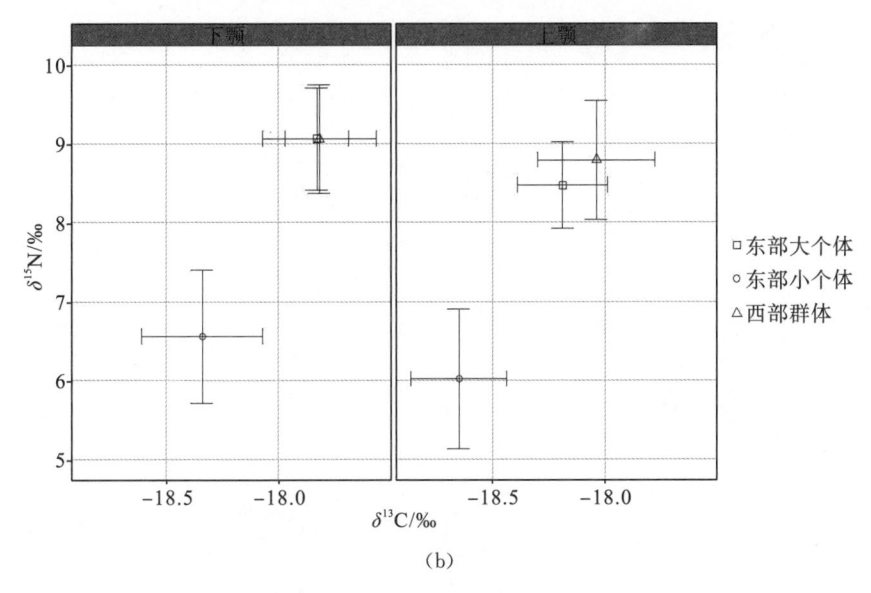

图 4-6　东西部柔鱼群体及不同个体大小的摄食生态位

4.3.2.2　不同胴长组间角质颚稳定同位素的差异

不同胴长组间 δ^{13}C 和 δ^{15}N 稳定同位素也有着不同的变化（图 4-7）。东部群体中，不同胴长组中的 δ^{13}C 和 δ^{15}N 稳定同位素变化分别为 0.5‰~0.8‰ 和 3‰~3.5‰（图 4-7）。西部群体中，随着胴长增长，δ^{15}N 增加 1.5‰~2‰，而 δ^{13}C 在各胴长组间变化很小（图 4-8）。下颚同位素变化稍高于上颚（图 4-7）。

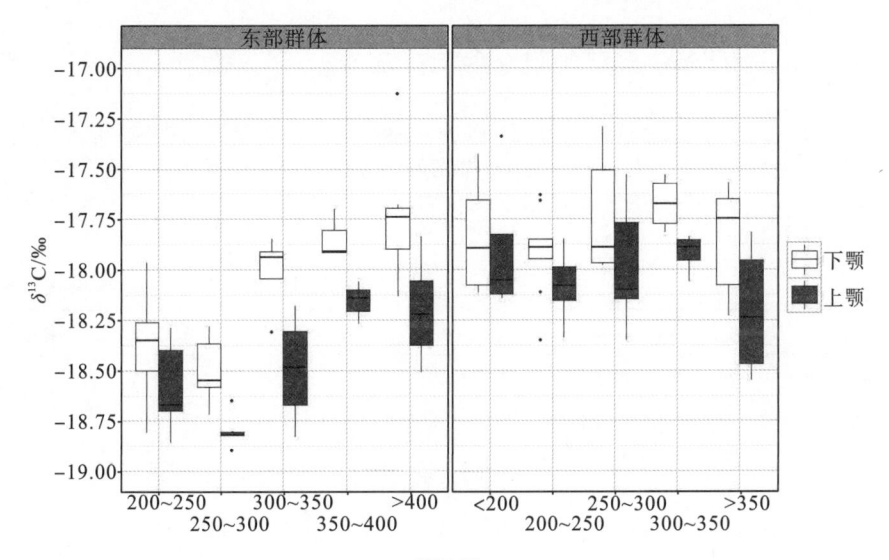

(a)

(b)

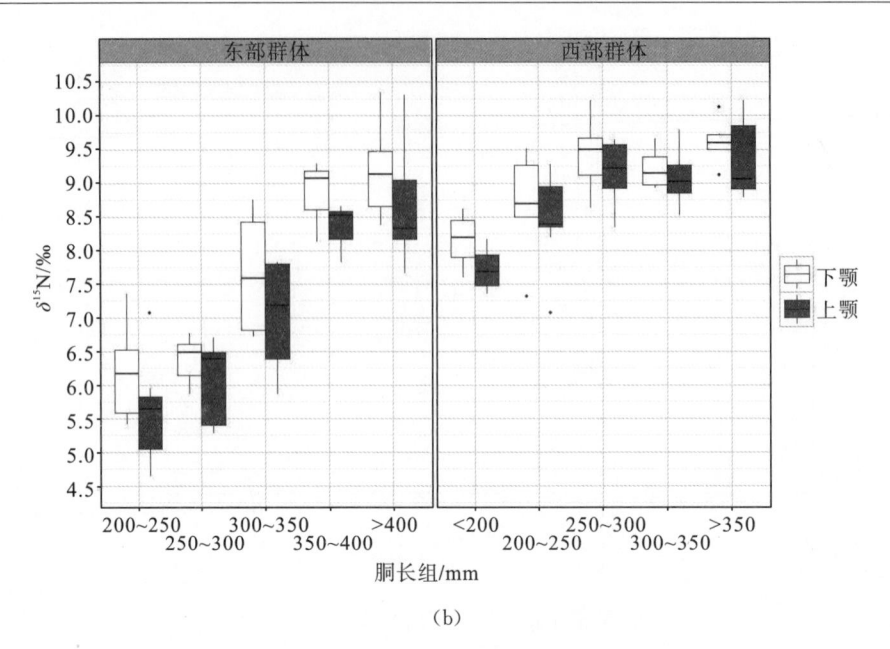

图 4-7 东西部柔鱼群体上下颚稳定同位素的变化

在东部群体中，δ^{13}C 和 δ^{15}N 在胴长为 250~300mm 和 350~400mm 时快速增加(图 4-7)。在胴长为 350~400mm 和大于 400mm 时，角质颚稳定同位素值几乎不变化，出现了一个平台期。西部群体中，δ^{15}N 从胴长 ML>200 和 250~300mm 逐渐增加，同时在胴长为 300~350mm 和大于 350mm 时也出现了同位素的平台期(图 4-7)。

4.3.2.3 GAM 模型的拟合和选择

在所有备选的 GAM 模型中，胴长都是其拟合模型的重要参数之一(表 4-6)。在同一模型的参数选择中，上下颚所选择的参数都是一致的(表 4-6)。所选择的 GAM 模型可以解释 δ^{13}C 或者 δ^{15}N 在 23.8%~91.6% 变化(表 4-6)。

表 4-6 GAM 模型的统计输出结果

参数	样本部位	Source	e.d.f	F	P	解释率%
δ^{13}C	UE	LAT	1.00	5.07	0.03	81.6
		ML	6.28	9.99	<0.01	
	LE	LAT	1.00	5.50	0.029	83.0
		ML	8.25	7.19	<0.01	
	UW	ML	1.51	1.70	0.20[ns]	32.8
	LW	ML	1.83	0.87	0.44[ns]	23.8

续表

参数	样本部位	Source	e.d.f	F	P	解释率%
$\delta^{15}N$	UE	ML	2.16	69.82	<0.01	84.7
	LE	ML	5.76	36.33	<0.01	91.6
	UW	LAT	1.00	9.11	<0.01	66.1
		ML	4.30	8.24	<0.01	
	LW	LAT	1.00	10.82	<0.01	70.4
		ML	3.38	6.35	<0.01	

东部群体中，纬度和胴长是两个主要的参数来解释上下颚 $\delta^{13}C$ 的变化（图 4-8）。$\delta^{13}C$ 随着纬度的增加而逐渐下降，且随着胴长的增加而逐渐平稳增加（图 4-8）。胴长是解释 $\delta^{15}N$ 变化的唯一参数，且随着胴长增加而增加[图 4-8(c)，(f)]。在胴长为 350~400mm 时，可以观察到一个明显的同位素变化平台期，即同位素值处于一个较为稳定的状态（图 4-8）。

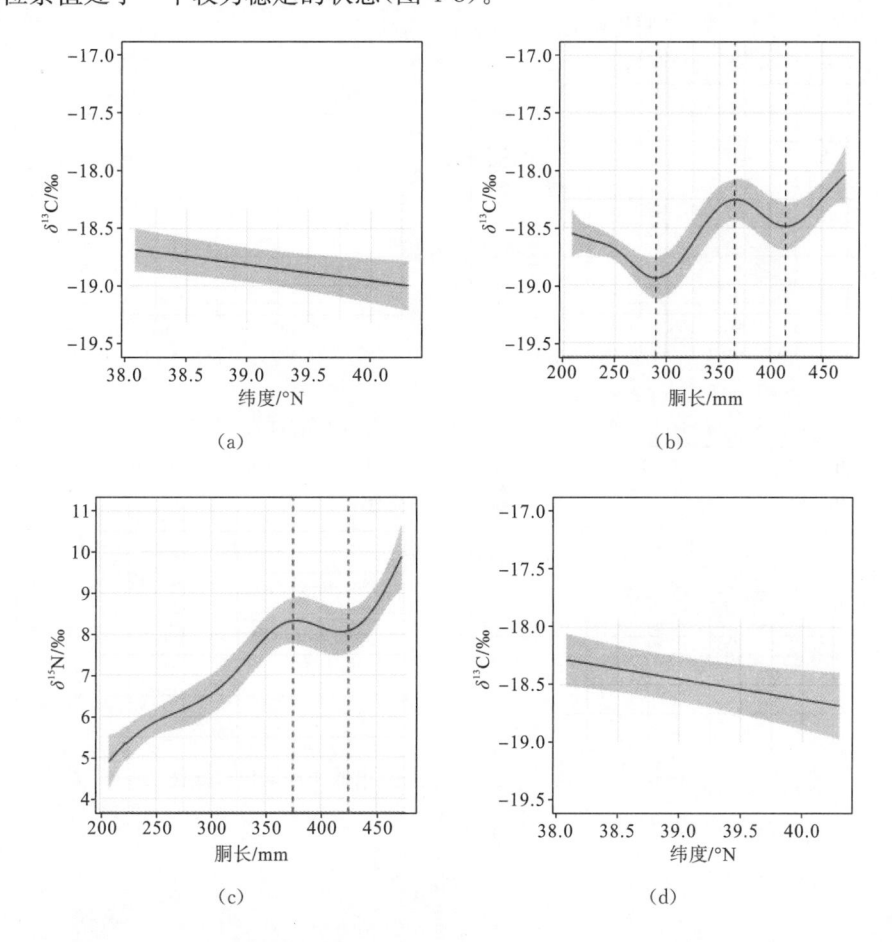

(e) (f)

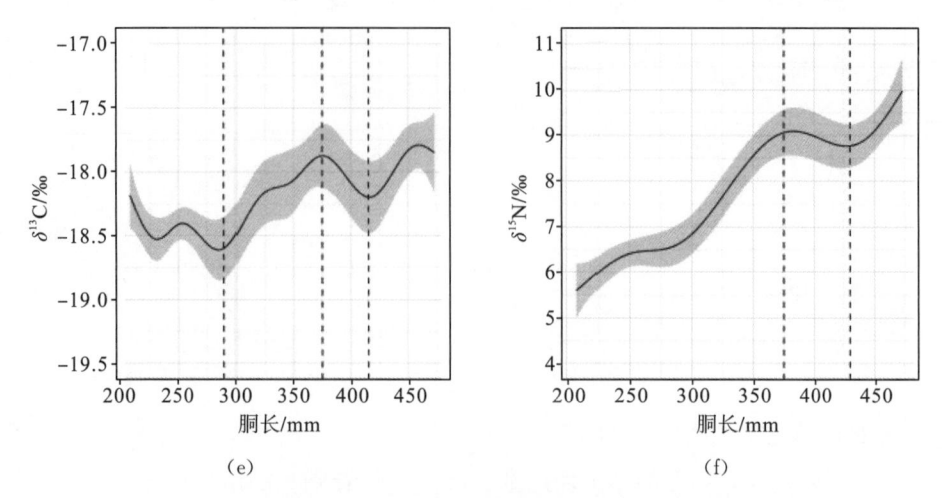

图 4-8　GAM 模型东部柔鱼群体不同参数的稳定同位素变化规律

西部群体中，三个备选参数均不能很好地解释上下颚 δ^{13}C 的变化（表 4-6）。δ^{15}N 与纬度的关系呈线性增长。类似的结果也在 δ^{15}N 与胴长的关系中有所体现（图 4-9）。δ^{15}N 先随着胴长的增长而增加，然后在胴长为 300~350mm 生长阶段，达到同位素值的稳定（图 4-9）。

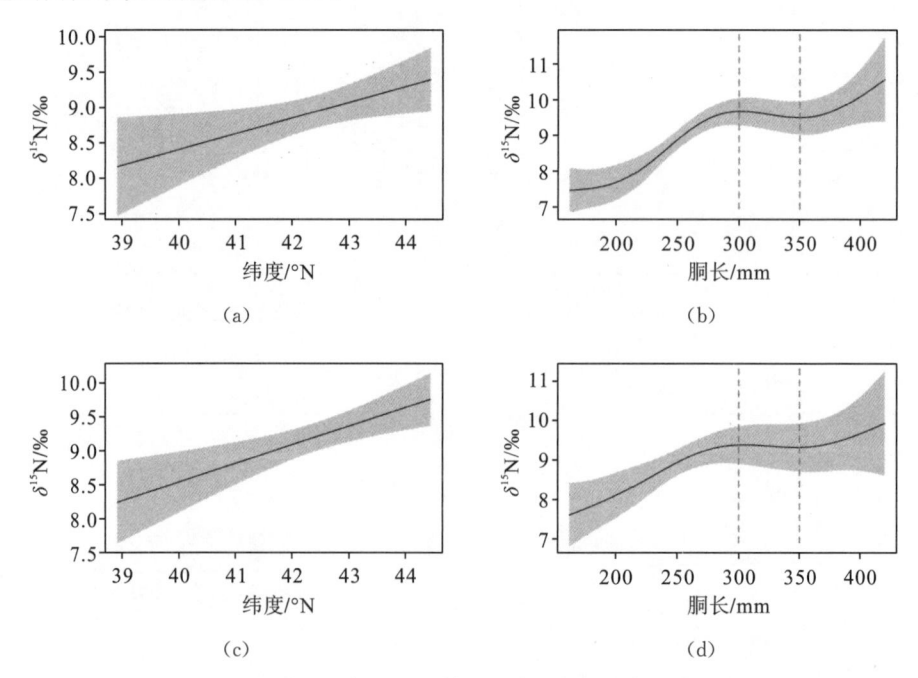

(a) (b)

(c) (d)

图 4-9　GAM 模型西部柔鱼群体不同参数的稳定同位素变化规律

4.4 讨论与分析

4.4.1 色素沉着等级判定的改进

角质颚的色素沉着是一个内在的生物过程,其在不同的发展阶段有着不同的变化。角质颚的色素沉着可以反映出摄食的变化。一些研究认为角质颚色素沉着特征和分布的变化与个体大小有关[83, 86]。Hernández-García 等[86]以短柔鱼(*T. sagittatus*)为例,第一次提出了量化色素沉着等级的分级标准,随后又在短柔鱼(*T. eblanae*)上成功应用,评估其摄食环境的变化[87]。本研究中,我们基于 Hernández-García 等[86]提供的分级模式,提出了一个适用于柔鱼角质颚特征的色素沉着分级等级。本研究中用真实图片来分析角质颚色素沉着,这比先前研究中用的手绘图更为直观,能更好地分析角质颚的色素沉着变化[86, 87]。本研究中未发现 0 级的样本,这与之前的研究有所不同,可能是因为缺少小个体的样本所致[86]。本研究针对上颚头盖长和侧壁长进行了描述,因为这两个指标可以很好地表征角质颚的生长,同时也是色素沉着变化最大的部位。雌雄二态性在头足类中非常常见,角质颚的形态也是如此[113]。尽管色素沉着特征在雌雄间并没有太大的差异,但其不同的生长率使得两者的角质颚形态依旧存在较大的差异。

4.4.2 色素沉着与柔鱼食性变化的关系

胴长和体重与色素沉着等级之间呈现出对数生长的关系(图 4-5),这表明柔鱼在生长早期,角质颚色素沉着较少,沉着的增长率较大;而到 3~4 级,色素沉着的增长率开始下降,到生长后期即使个体生长,色素沉着也不再加深,这与角质颚已适应当下生长的摄食要求有关。柔鱼的食性在整个生活史过程中不断地发生着变化,也影响着角质颚色素沉着。幼鱼(胴长为 130~250mm)主要在高生产力的过渡区(transitional zones)摄食浮游动物(如磷虾类、端足类和甲壳类),然后再向北洄游[21, 32]。成体(胴长为 290~490mm)喜好在过渡区摄食较大型的食物,如鱼类(灯笼鱼)和其他的头足类(爪乌贼类)[32, 213]。食性从小个体的无脊椎动物到大个体的脊椎动物,这也使得柔鱼的咬合力增强,也促使角质颚的头盖、侧壁和翼部时色素沉着加深(图 4-1)。例如雌雄在胴长为 230~270mm 时色素沉着 1~2 级的个体,在下颚翼部的色素沉着较少(图 4-1),但是胴长达到 330~430mm 时色素沉着为 3 级的个体,翼部就呈现棕色,开始有较多的沉着出现(图 4-1)。在头盖和侧壁部也有类似的情况出现(图 4-1)。柔鱼幼体阶段(胴长小于 3mm)开始主动捕食时,角质颚开始突起,同时喙端也发现了一些棕色的色素沉着[137]。因此有颜色变化的部分预示着柔鱼的摄食习性开始变化,也是角质颚色素沉着变化的主要信号(图 4-1)。

4.4.3 色素沉着与控制肌肉变化的关系

角质颚越大,其色素沉着等级越高。雌性、雄性个体的下脊突长 LCL 和下翼长 LWL 均与角质颚色素等级的相关系数较高。分析中可以发现,下侧壁长 LLWL 和下翼长 LWL 在不同的色素沉着等级中变化明显。这应该是由控制角质颚肌肉的生长特性所决定的。在生长早期,所摄食的猎物相对较低等,角质颚色素沉着较少,侧壁所支持的力量也较少;而随着个体的生长和食性的变化,色素沉着加深,角质颚变得更加坚硬,此时就需要强大的侧壁作为支撑力的支点来完成捕食过程,因此侧壁和翼部的较快生长是符合柔鱼本身生长需要的。

有着强大的肌肉才能够捕食较大的猎物。角质颚色素沉着的部位是由排列紧密的有机物组成的,同时还含有多层几丁质,因此该部位较为坚硬[214]。色素沉着和控制角质颚肌肉的生长使得成年柔鱼有效地捕获猎物,同时这些变化也与柔鱼的生长同时进行着。角质颚围绕着其"中轴区"(pivot)进行活动,该中轴区位于上颚脊突和下颚翼部,该部位主要由控制角质颚闭合的上颚肌控制[42, 209]。因此,该"中轴区"也随着上颚肌生长,以适应捕食大型猎物所带来的摄食习性的变化。在色素等级 3 级之后,雄性个体(一般胴长小于 300mm)相对于雌性个体要小(图 4-3),这可能是由于雌雄不同洄游路径导致其幼体在不同的环境下成熟而造成的[8]。

4.4.4 色素沉着的性别差异

在角质颚色素沉着的生长过程中,有着明显的性别生长差异。Scheffe 分析结果认为角质颚测量参数在雌性的色素等级 6 和 7 以及雄性的色素等级 1 和 2 级不存在差异。雄性的生长率较雌性更慢,主要由于不同的栖息环境和生殖策略所造成的[6, 8, 194]。这种生长的差异也表现在角质颚的色素沉着上,因为雄性幼体的生长比雌性幼体慢。雄性的下喙长在不同色素等级中保持相对稳定,雄性的个体较小,其喙部变化不明显(表 4-2)。前人对褶柔鱼(*Todarodes sagittatus*)的研究也发现,喙部的生长较其他的部位慢[86]。Franco-Santos 等[215] 在对真蛸 (*Octopus vulgaris*)角质颚的研究中也发现类似现象。喙部对于幼体来说并不是特别重要的结构,而对成体来说非常重要[215]。因此在柔鱼的生活史后期,角质颚的喙部经历了较大的变化。柔鱼的大小影响着其咬合力和食物的选择,喙部的生长也是对食性变化的适应。后期需要进行更多的研究来解释喙部生长与柔鱼生长摄食的关系。

本研究发现，雌雄个体的性成熟度与其色素沉着等级之间的关系有明显差异。在Ⅱ期时，雌性个体的角质颚色素沉着分布在2~5级，而雄性个体有接近一半已经达到4级；Ⅲ期更是多达90%的个体集中在5级，从此也可以看出雄性的色素沉着速度要快于雌性。Hernández-García研究认为[86]，色素沉着等级为3~4级的个体很少，认为3~4级是头足类发生转变的一个极短的过程，这在本研究中雄性个体的色素沉着变化有所体现，而与阿根廷滑柔鱼(*Illex argentinus*)的角质颚变化情况有所不同[10]，可能是因为不同种类受不同生活环境的影响以及其本身繁殖策略有关。

角质颚的重量是另一个影响其生长和色素沉着的因素。蛋白质合成，包括几丁质层的增多和色素的聚集，都会随着角质颚的生长一直进行[89]。同一色素等级雌雄角质颚的重量也存在着差异。这也可能是由于不同性别的洄游路径差异对其生长所造成的不同影响[8]。上颚重量的变化要明显大于下颚，尤其在色素等级为2级后的个体。在角质颚运动的过程中，上颚是主要活动部位，下颚相对保持在稳定的位置[214]。因此，一个强有力的上颚可以使得柔鱼更好地捕获猎物，也使得其能够捕获不同种类的食物。这也可以解释上下颚大小不同的原因(图4-1)。

4.4.5 角质颚稳定同位素与生态位的关系

种内差异通常是由生物因素(例如内在基因结构)和非生物因素(例如生活的环境条件)的共同作用影响的[216,217]。种群差异可能是由于不同的生长速率、洄游路径和食物组成所造成的，这种现象在其他柔鱼科种类中也有发现[218-220]。除了东部群体的大个体外，两个柔鱼群体在生态位宽度上也存在差异(图4-6)。不同地理群体的摄食习性也是造成这种差异的主要原因。Watanabe等[32]认为冬春生群体主要栖息于亚寒带锋面(SAFZ)，并在秋末冬初逐步向南洄游摄食小型的浮游鱿鱼(*Watasenia scintillans*)和日本银鱼(*Engraulis japonicas*)(图2-1)。这些被捕食者也受到黑潮-亲潮海流变化的影响[221]。秋生群主要摄食过渡海域甲壳类(*Symbolophorus californiensis*)、鱿鱼类(*Onychoteuthis borealijaponica*)和亚寒带的甲壳类(*Ceratoscopelus warmingii*)、鱿鱼类(*Gonatus berryi*, *Berryteuthis anonychus*)[7]，这与西部群体的营养级类似。然而，稚鱼会主动捕食浮游动物和浮游性的甲壳类(磷虾类和端足类)[7]，这比鱼类和鱿鱼的营养级要低。该纬度也非常适合雄性鱿鱼栖息，它们常常生活于亚热带锋面的产卵场和育肥场(STFZ)，这也是两个群体摄食生态位以及东部群体不同大小个体存在差异的主要原因(图4-6)。

4.4.6 稳定同位素与 $\delta^{13}C$ 的关系

海洋浮游植物的 $\delta^{13}C$ 从赤道向两级不断减小,而在南半球和北半球的减小速率也有差异[222,223]。东部群体分布在较低的纬度,但是其 $\delta^{13}C$ 却较低,这可能是因为该群体在洄游过程中摄食浮游植物的变化造成的(图 4-6)。而即使西部群体的采样分布比东部群体更广,纬度的变化也无法解释西部群体 $\delta^{13}C$ 的变动(表 4-4)。西部群体 $\delta^{13}C$ 也可能受到离岸距离的影响,因为西部群体比东部群体更靠近大陆架(图 2-1)。在今后的研究中,应该考虑更多潜在的因素对 $\delta^{13}C$ 的影响。

胴长是另一个影响 $\delta^{13}C$ 变化的因素[图 4-7(a)]。大洋性鱿鱼在整个生活周期中会进行大尺度的洄游,因此也会经历多种环境变化。本研究中所有东部雄性个体的胴长均小于 300mm。胴长为 25cm 之前,东部个体的雄性和雌性会处在同一个栖息环境中。在繁殖生长期,秋生群(本研究中的东部群体)的雌性个体会向北先洄游到过渡区,然后进入亚寒带锋面,而雄性则会一直停留在产卵场(亚热带锋面)[8](图 2-1)。一旦达到成熟,雌性就会向南洄游到亚热带锋面与该海域的雄性进行交配繁殖[6,8]。这就可以解释为什么小个体的 $\delta^{13}C$ 迅速上升而大个体的 $\delta^{13}C$ 迅速下降,主要是由于过渡区和亚寒带区有较高的初级生产力,而亚热带区域初级生产力较低,因此形成了南北洄游[8,224]。在胴长大于 400mm 的个体中,$\delta^{13}C$ 不断升高,这主要是由于该大小个体的秋生群体向南洄游至亚热带锋面,因此在整个洄游过程中经历了叶绿素浓度较低的海域导致 $\delta^{13}C$ 下降[图 4-6(a),(b),(e)]。

胴长对西部群体的 $\delta^{13}C$ 变化没有显著效应。西部群体的 $\delta^{13}C$ 要高于东部群体每个胴长组的平均值[图 4-7(a)]。冬春生群体(本研究中的西部群体)在生活史的早期,栖息于叶绿素 a 浓度较低的海域,然后向北洄游至生产力较高的海域[8],因此该群体的个体就相对较小。鱿鱼性成熟越早,也就表明在高生产力海域所处的时间更久。虽然本研究中该因子在 GAM 模型中并没有显著效应,离岸距离(DSB)也是一个潜在的影响 $\delta^{13}C$ 差异的因子。今后的研究中需要更多的样本来解释其变化规律。

4.4.7 稳定同位素与 $\delta^{15}N$ 的关系

氮稳定同位素(^{15}N)已经被证实可以反映不同纬度浮游植物同位素的变化[225]。尽管在高纬度海域,氮元素会随着水层的垂直混合运动进入透光层,相比其他营养盐饱和度而言,氮的最大聚集度容易在较低的水平达到[223]。本研究中多数西部柔鱼个体都是在氮含量丰富的北方四岛海域捕获的,该海域有着显著的同位素分馏现象,导致 $\delta^{13}C$ 较低[223](图 2-1)。同位素分馏现象也减少了非有机物利用氮进行氮化作用,因此浮游植物通常在高纬度海域的 $\delta^{15}N$ 和 $\delta^{13}C$ 均低于低纬度海域。而纬度与稳定同位素变化的负相关关系相对较弱,也可能会影响到营养级的变化,不同胴长组间的 $\delta^{15}N$ 和 $\delta^{13}C$ 平均差异分别为 1.2‰ 和 0.05‰ (图4-6)。冬春生群体在向北洄游的过程中,其食性由浮游动物逐渐转变为鱼类和鱿鱼[7]。这也就可以解释为什么西部群体的 $\delta^{15}N$ 会随着纬度而增高。秋生群在成长为成体的过程中也会向北洄游[8],因此东部群体的 $\delta^{15}N$ 会有类似的变化,但是本研究中可能因为样本量较少而削弱了纬度变化的重要性。

东部群体 $\delta^{15}N$ 随着胴长的生长急剧增大[图4-9(b),(c),(f)]。除了两个胴长组外(胴长350~400mm和胴长大于400mm),每个胴长组间 $\delta^{15}N$ 变化率约为1‰[图4-6(b)]。总体的 $\delta^{15}N$ 变化约为3‰,这正好接近一个营养级[226]。根据胃含物分析,秋生群雌性在向北洄游的过程中,主要的食物是鱼类和鱿鱼类[7,168]。同时雄性仍然栖息于亚热带锋面,主要摄食如磷虾和端足类等营养级较低的种类。因此摄食行为在性别和个体上的差异导致了不同个体营养级上的差异。西部群体中的类似情况也可以以此为解释。$\delta^{15}N$ 在两个群体不同胴长范围中都出现了一个平台期,该现象在先前对夏威夷海域捕获的同一种类研究中也发现类似的情况[190]。柔鱼中发现的该平台期,可能是由于正经历生殖成熟期。在该阶段,性腺生长优先于胴体的生长,就会造成氮在其他组织中聚集有所减少[190]。因此这种现象主要是由于性腺成熟和能量的不同分配,而不是洄游直接造成的。

本研究中,两个群体在经历平台期后 $\delta^{15}N$ 仍然有继续升高的趋势[图4-8(c),图4-9(b)]。Parry[190]分析了在夏威夷海域捕获的柔鱼个体的肌肉,发现 $\delta^{15}N$ 在胴长350~400mm后并未发生变化。这表明柔鱼 $\delta^{15}N$ 趋于稳定时,该值也已经达到顶峰(也有可能是最大值)[190]。本研究中研究材料为角质颚而非肌肉,由于角质颚中含有几丁质,因此其 $\delta^{15}N$ 相较于肌肉要低3‰~4‰[149,152]。肌肉 $\delta^{15}N$ 的平均峰值接近15‰~16‰[190],因此对应的角质颚的峰值为11‰~12‰。蛋白质是角质颚有色素沉着部分的主要化学结构,几丁质的 $\delta^{15}N$ 要小于蛋白质[89]。角质颚的色素沉着与个体性成熟有关,仅短时间出现在鱿鱼整个生活史中[87]。性成熟的过程由于角质颚色素不断加深,也伴随着蛋白质的不断增加,导致 $\delta^{15}N$ 在较大个体的柔鱼中达到了一个潜在的阈值。

4.4.8 上下角质颚稳定同位素的差异

本研究也比较了上下颚稳定同位素的差异。上下颚的 $\delta^{13}C$ 和 $\delta^{15}N$ 有着显著差异,两个群体上颚的值要低于下颚(图4-6)。而相反的情况在之前的研究中有所发现[149]。上下颚中几丁质含量的不同可能是影响同位素含量差异的最主要因素。上颚的外形比下颚大，较小的个体由于色素沉着较少，因此有着较多的几丁质，这就导致了下颚有着比上颚更多的 $\delta^{15}N$ 聚集。而在大个体中，这种情况正好相反，即上颚有相对更多的 $\delta^{15}N$ 聚集。早期角质颚生长也有可能影响到上下颚的稳定同位素[77,187]。角质颚是一种有效的探究个体不同时期稳定同位素变化的材料，下颚被认为是类似研究的首选材料[148-150,152]。由于我们很难采集稀有种类和深海头足类，唯一可能的研究方法就是通过大型鱼类或海洋哺乳动物（如鲸类）胃含物中发现的未消化的角质颚，发现的上下颚的比例在不同的种类也有着不同[143]。因此，我们应该更加注重头足类上颚的作用，以更加全面地理解头足类渔业生态学意义。

4.5 小　　结

(1) 结合前人的研究结果，以实体角质颚为基础，重新定义了角质颚色素沉着等级，删除0级，增加了上颚头盖部分的描述，使得色素沉着等级的特征更为具体，更适合于描述柔鱼的角质颚色素沉着特征。

(2) 角质颚各个形态参数在不同的色素等级间均存在着显著差异（$P<0.01$）。在色素等级初期（1级和2级）以及晚期（6级和7级）的角质颚形态则没有明显差异（$P>0.05$），而其他的各个时期间各项参数均存在显著差异（$P<0.01$）。

(3) 随着月份的推移，柔鱼角质颚的色素沉着等级不断增大。雌雄色素等级在不同的胴长中分布也不同。雌性个体较大，等级分布较为分散。雄性的分布相对较为集中。胴长、体重和角质颚参数与色素沉着的关系均为对数关系。色素沉着的变化随着个体的增长逐渐减缓。

(4) 柔鱼不同群体的角质颚碳、氮稳定同位素组成均有显著差异（$P<0.01$），上、下颚的稳定同位素也存在着差异（$P<0.01$）。东西部群体的摄食生态位有着较大的不同，西部群体和东部群体的大个体有着类似的生态位。

(5) 碳、氮稳定同位素（$\delta^{13}C$ 和 $\delta^{15}N$）随着柔鱼胴长的增大而不断升高。相比西部群体而言，东部群体升高得更为明显。东部群体所处的生态位变化要比西部群体更为明显，所经历的栖息环境可能更为复杂。

(6) 根据广义加性模型结果，纬度以及胴长和 $\delta^{13}C$ 在西部群体中存在着显著关系，随着纬度的增加，$\delta^{13}C$ 也不断增加，胴长在增长的过程中呈现波动变化。而东部群体则没有一个参数与 $\delta^{13}C$ 有显著关系，$\delta^{15}N$ 与胴长变化有着密切关系。在两个群体中都发现了 $\delta^{15}N$ 在某一个胴长的生长阶段处于稳定状态，也表明了柔鱼在洄游过程中某一段时间的生态位几乎不发生变化，以用于供应性腺的发育。

第5章 柔鱼角质颚微量元素的研究

柔鱼作为一种重要经济头足类，在北太平洋生态系统中扮演着重要的角色。研究柔鱼的生活史和洄游规律既有利于我们更好地认识该物种栖息环境的变化，以及与其他物种之间的相互关系，同时也能给我们更好地利用该物种提供基础。由于其所处的海域为大洋，传统的放流标记重捕法不能很好地发挥作用。同时获取样本的难度较大，很难获得所有生长阶段的柔鱼个体，因此给我们研究柔鱼洄游规律造成了一定的困难。头足类的硬组织能够很好地记录其生态信息，是研究头足类生活史的良好媒介，其所处的海洋环境中存在的各种化学元素能够被硬组织很好地记录下来。近些年来，一些学者通过研究硬组织中(如耳石)微量元素的变化，结合其周边的环境因子，利用模型分析逆推导出大洋性头足类所有生活阶段的栖息环境以及其可能的洄游路径，取得了较好的效果[227]。角质颚作为头足类的硬组织之一，也存在着丰富的生态信息，且形态较利于分析，有着很好的利用价值。因此本研究利用柔鱼西部群体的个体，对代表不同生活阶段的角质颚的不同部位提取样本点，根据 LA-ICP-MS 方法，研究其微量元素的组成和不同部位的差异及变化规律；同时根据微量元素和海表温的关系，分析柔鱼在不同时期所处的栖息环境及可能潜在的分布海域，尝试重建洄游路径，并与前人的研究进行比较。

5.1 柔鱼角质颚不同生长阶段微量元素组成和差异分析

5.1.1 材料与方法

5.1.1.1 材料来源及基础数据测定

采样范围见 2.1.1.1 小节。随机挑选样本共 53 尾，其中雌性 27 尾，雄性 26 尾。从柔鱼个体的口球中采集出完整的角质颚(具体方法见 2.1.1.2 小节)。分别测定样本的胴长(mantel length，ML)、体重(body weight，BW)、性别。胴长测量精确至 1mm，体重称量精确至 0.1g。性腺成熟度的判定根据文献 [154]。

针对不同的孵化季节，本研究选取了有捕捞地点和日期的 28 尾样本，其中雌性和雄性各 14 尾，样本所对应的基本生物学数据和年龄数据见表 5-1。将个体孵化分为冬季孵化(11 月～翌年 2 月)和春季孵化(3～5 月)两个季节，并用于后续洄游推测分析。

表 5-1 样本基本参数

样本号	捕捞时间	经度	纬度	体重/g	胴长/mm	性别	性腺成熟度	日龄/d	孵化日期
1881	2010/7/13	153°36′E	39°24′N	322.9	234	♀	II	162	2010/1/31
1917	2010/7/13	153°36′E	39°24′N	305	221	♀	I	142	2010/2/20
1922	2010/7/13	153°36′E	39°24′N	425.2	243	♂	II	176	2010/1/18
1931	2010/7/13	153°36′E	39°24′N	244.3	213	♂	I	129	2010/3/6
419	2010/8/29	152°49′E	42°21′N	298.7	227	♂	I	152	2010/3/30
425	2010/8/29	152°49′E	42°21′N	374.7	238	♀	II	169	2010/3/13
442	2010/8/29	152°49′E	42°21′N	364.1	242	♂	I	174	2010/3/7
444	2010/8/29	152°49′E	42°21′N	370.5	243	♂	I	176	2010/3/6
1693	2010/10/12	156°47′E	42°35′N	608	282	♂	II	229	2010/2/24
1872	2010/11/5	154°07′E	41°57′N	448.1	249	♂	III	185	2010/5/4
137	2011/8/7	154°28′E	42°25′N	1024.8	326	♀	II	281	2010/10/30
190	2011/8/9	153°58′E	42°27′N	226.1	203	♂	I	112	2011/4/19
66	2011/9/3	150°59′E	42°58′N	1030.5	327	♀	II	282	2010/11/25
268	2011/9/11	154°32′E	42°50′N	916.8	302	♀	II	254	2010/12/31
272	2011/9/11	154°32′E	42°50′N	393	247	♀	II	182	2011/3/13
279	2011/9/11	154°32′E	42°50′N	453.8	251	♀	II	188	2011/3/7
296	2011/9/11	154°32′E	42°50′N	488	269	♂	II	212	2011/2/10
334	2011/9/13	152°30′E	43°21′N	357.9	238	♂	I	169	2011/3/28
348	2011/9/13	152°30′E	43°21′N	363.3	243	♂	I	176	2011/3/21
352	2011/9/13	152°30′E	43°21′N	397.4	251	♂	II	188	2011/3/9
306	2011/9/28	154°42′E	42°59′N	539	271	♂	II	215	2011/2/25
307	2011/9/28	154°42′E	42°59′N	790.5	301	♂	III	252	2011/1/18
313	2011/9/28	154°42′E	42°59′N	391.2	245	♀	I	179	2011/4/2
228	2011/10/9	156°08′E	43°13′N	340.2	222	♀	I	144	2011/5/18
237	2011/10/9	156°08′E	43°13′N	390	238	♀	I	169	2011/4/23
106	2011/10/23	150°21′E	41°21′N	934.8	310	♀	II	263	2011/2/2
115	2011/11/8	150°49′E	40°58′N	2027	406	♀	II	359	2010/11/13
116	2011/11/8	150°49′E	40°58′N	1037	320	♀	II	274	2011/2/6

5.1.1.2 角质颚微量元素测定

角质颚微量元素含量分析在武汉上谱分析科技有限公司利用 LA-ICP-MS 完成。微区的每个取样点测 13 种元素(^{23}Ca、^{23}Na、^{24}Mg、^{31}P、^{39}K、^{55}Mn、^{59}Co、^{63}Cu、Pb、^{66}Zn、^{88}Sr、^{137}Ba 和 ^{238}U)。激光剥蚀系统为 Geolas 2005，ICP-MS 为 Agilent 7700e。激光剥蚀过程中采用氦气作载气、氩气为补偿气以调节灵敏度[228]。激光剥蚀系统配置了一个信号平滑装置，即使激光脉冲频率低达 1Hz。每个时间分辨分析数据包括大约 20s 的空白信号和 60s 的样品信号。详细的仪器操作条件见表 5-2。以 USGS 参考玻璃(如 BCR-2G、BIR-1G 和 BHVO-2G)为校正标准，采用多外标、无内标法对元素含量进行定量计算[228]。这些 USGS 玻璃中元素含量的推荐值据 GeoReM 数据库(http：//georem.mpch-mainz.gwdg.de/)。对分析数据的离线处理(包括对样品和空白信号的选择、仪器灵敏度漂移校正、元素含量计算)采用软件 ICPMSDataCal 完成[229]。

表 5-2 LA-ICP-MS 工作参数

GeoLasPro 准分子激光剥蚀系统		Agilent 7500a，ICP-MS 系统	
波长	193nm, Excimer laser	射频功率	1350W
脉冲	400	等离子体流速	14.0L/min
能量密度	6.0J/cm^2	辅助气流速	氩气(0.9L/min)
剥蚀直径	44μm	补偿气	氩气(0.92L/min)
频率	8Hz	采样深度	5mm
载气	氦气(0.7L/min)	检测器模式	Dual
剥蚀方式	单点		

LA-ICP-MS 能从时间序列上对角质颚中的微量元素进行检测。检测前先在高倍显微镜下选好激光打点位置。本书以每枚耳石切片轮纹结构中 30d 为时间间隔选取打样点(图 5-1)，并测定核心至背区边缘线段上每 30d 之间打样点的距离，随后利用 LA-ICP-MS 对每个选取的打样点进行激光剥蚀。

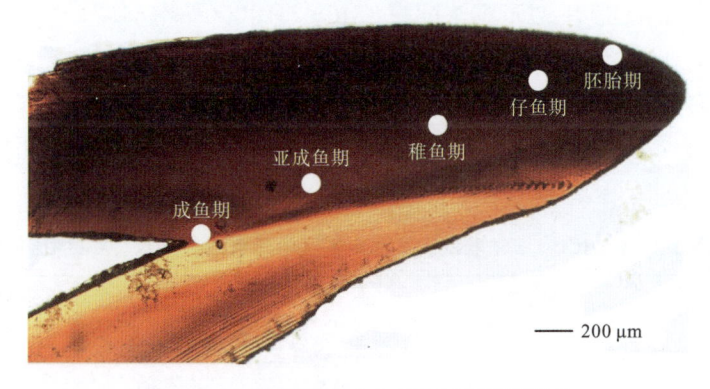

图 5-1 角质颚样品 LA-ICP-MS 实验测点

5.1.1.3 数据处理

(1) 微量元素种类及组成。分析角质颚主要微量元素种类及组成。

(2) 不同性别微量元素差异。分别对角质颚喙部至头盖和脊突交叉边缘处的5处取样点比较不同性别间的微量元素差异。

(3) 不同生长阶段微量元素含量差异。选取含量较高的几种微量元素，分析不同时期不同微量元素与钙元素的比值在含量上的变化规律，如存在显著差异则用多重比较的方法分析各剥蚀点间微量元素比值的差异。

(4) 不同孵化月份的角质颚微量元素差异。分析不同孵化月份的柔鱼个体间角质颚微量元素与钙元素比值的差异。

5.1.2 结果

5.1.2.1 角质颚主要微量元素分析

对 56 个柔鱼上角质颚不同部位取点，结果认为，角质颚中主要的微量元素为 Pb、Li、Na、Mg、Al、P、K、Ca、Mn、Fe、Co、Ni、Cu、Zn、Sr、Ag、Ba、U 等 18 种元素。其中含量最高的为 Ca，浓度为 $36.92 \sim 3134.21$（平均 1497.05 ± 628.80）$\times 10^{-6}$；其次为 Mg，浓度为 $18.52 \sim 2967.55$（平均 591.21 ± 479.34）$\times 10^{-6}$，Mg/Ca 为 $38.95 \sim 3767.17$（平均 461.74 ± 503.91）μmol/mol。均值超过 100×10^{-6} 的元素有：P 的浓度为 $20.07 \sim 1885.68$（平均 519.41 ± 460.56）$\times 10^{-6}$，P/Ca 为 $7.41 \sim 12824.11$（平均 596.00 ± 1126.69）μmol/mol；Na 的浓度为 $5.04 \sim 1617.58$（平均 309.39 ± 262.59）$\times 10^{-6}$，Na/Ca 为 $1.61 \sim 2193.10$（平均 264.02 ± 282.42）μmol/mol；K 的浓度为 $6.86 \sim 1575.56$（平均 250.77 ± 209.38）$\times 10^{-6}$，K/Ca 为 $2.19 \sim 2616.88$（平均 217.84 ± 283.40）μmol/mol。均值超过 10×10^{-6} 的元素有：Cu 的浓度为 $3.40 \sim 312.65$（平均 61.21 ± 51.68）$\times 10^{-6}$，Cu/Ca 为 $1.09 \sim 765.00$（平均 61.15 ± 85.10）μmol/mol；Zn 的浓度为 $0.29 \sim 232.92$（平均 22.40 ± 26.09）$\times 10^{-6}$，Zn/Ca 为 $0.37 \sim 834.70$（平均 26.48 ± 67.86）μmol/mol；Sr 的浓度为 $0.10 \sim 32.01$（平均 10.12 ± 6.70）$\times 10^{-6}$，Sr/Ca 为 $0.28 \sim 25.79$（平均 7.00 ± 4.41）μmol/mol（表 5-2）。

表 5-2 LA-ICP-MS 法获取的柔鱼角质颚中元素浓度及其与 Ca 的比值

微量元素	浓度/10^{-6}		元素与 Ca 的比值/(μmol/mol)	
	范围	均值±标准差	范围	均值±标准差
Ca	36.92~3134.21	1497.05±628.80	—	—

续表

微量元素	浓度/10^{-6} 范围	浓度/10^{-6} 均值±标准差	元素与 Ca 的比值/(μmol/mol) 范围	元素与 Ca 的比值/(μmol/mol) 均值±标准差
Mg	18.52~2967.55	597.21±479.34	38.95~3767.17	461.74±503.91
P	20.07~1885.68	519.41±460.56	7.41~12824.11	596.00±1126.69
Na	5.04~1617.58	309.39±262.59	1.61~2193.10	264.02±282.42
K	6.86~1575.56	244.39±214.62	2.19~2616.88	217.84±283.40
Cu	3.40~312.65	61.21±51.68	1.09~765.00	61.15±85.10
Zn	0.29~232.92	22.40±26.09	0.37~834.70	26.48±67.86
Sr	0.10~32.01	10.12±6.70	0.28~25.79	7.00±4.41

5.1.2.2 不同性别间角质颚微量元素差异

根据 t 检验的结果，大多数微量元素在性别间不存在差异($P>0.05$)。仅在生长的第三阶段(稚鱼期)中发现 Ba 存在性别差异($t=2.264$，$P=0.029<0.05$)，第四阶段(亚成鱼期)的 Ag 存在性别差异($t=2.871$，$P=0.006<0.05$)，第五阶段(捕捞期)的 Cu 存在性别差异($t=2.049$，$P=0.047<0.05$)。

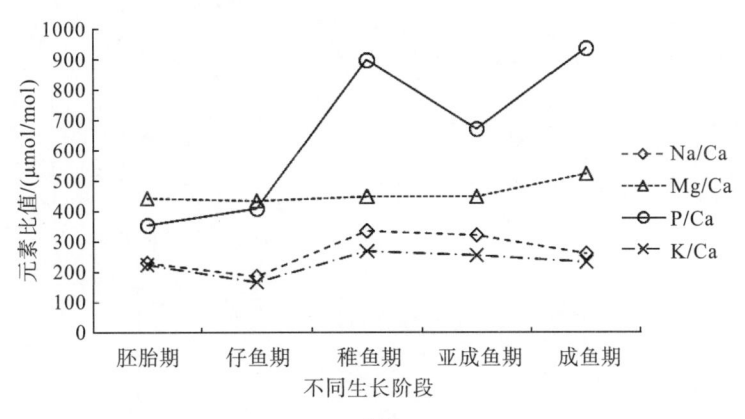

5.1.2.3 不同生长阶段角质颚微量元素差异

基于上述微量元素组成，本研究取平均浓度超过 10×10^{-6} 的微量元素进行后续分析。胚胎期和仔鱼期的各种微量元素含量相对较低，随着个体的生长，各种微量元素的积累也不断增加。其中 Mg/Ca 在整个生长期的变化不大；Na/Ca 和 K/Ca 在稚鱼期和亚成鱼期时含量增多，但是在成鱼期又有所回落；P/Ca 在稚鱼期急剧升高，亚成鱼期有所下降，到成鱼期再次上升，变化明显；Zn/Ca 有着与 P/Ca 类似的变化趋势；Cu/Ca 在稚鱼期的含量达到最高，随后也不断下降(图 5-2)。

(a)

(b)

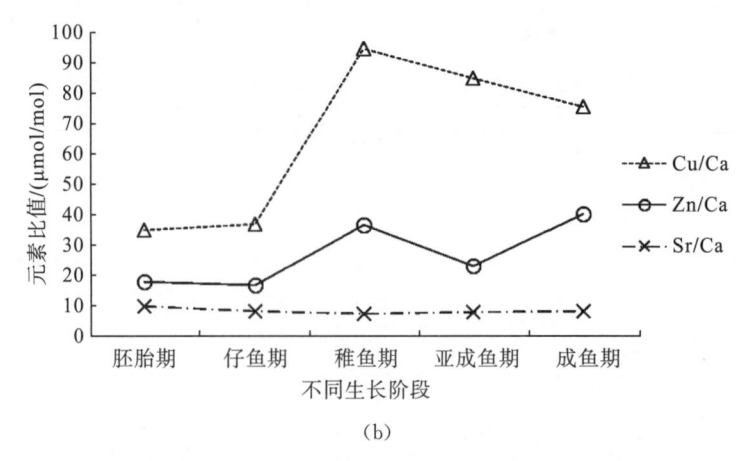

图 5-2 不同生长阶段角质颚微量元素与 Ca 的比值

ANOVA 检验的结果认为,仅有 Cu/Ca 在不同时期的微量含量存在显著差异($P=0.01<0.05$),其他微量元素均无显著差异($P>0.05$)。通过多重比较发现,Cu/Ca 仅在胚胎期和稚鱼期的微量含量有着显著差异($P=0.046<0.05$)。

5.1.2.4 不同孵化月份角质颚微量元素差异

根据逆推算,发现所有样本的孵化月份均在 10 月~翌年 4 月。因此将样本分为冬季孵化(10 月~翌年 2 月)和春季孵化(3~5 月)。从图 5-3 中可以发现,多数微量元素在不同孵化群体间无显著差异。P/Ca 在稚鱼期和成鱼期的不同群体含量有一定的差异,Cu/Ca 在成鱼期的含量变化趋势不一致。但是 t 检验的结果并未发现不同孵化群体间的差异($P>0.05$)。

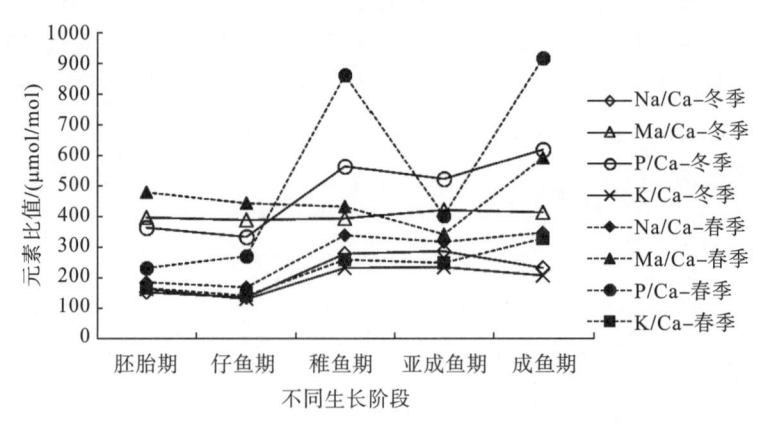

(a)

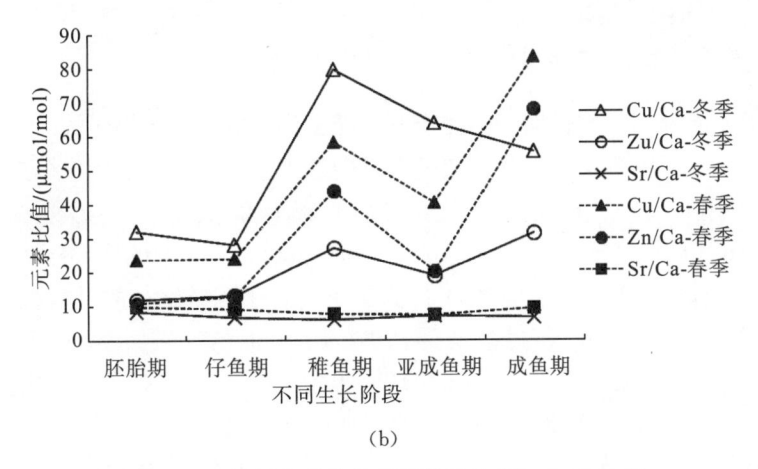

图 5-3　不同孵化月份角质颚微量元素与 Ca 的比值

5.2　角质颚微量元素重建柔鱼洄游路径

5.2.1　材料与方法

5.2.1.1　材料来源

选取表 5-1 样本中的 22 尾，具体信息参见表 5-1（选取了样本信息更加完整的 22 个个体，排除了编号 190、228、272、348、425 和 1872 的 6 个样本）。

5.2.1.2　洄游路径研究思路和假设

首先建立样本捕捞点表温（SST）与角质颚最末端点微量元素的关系。在得到各个不同生长时期微量元素的前提下，根据上述建立的关系，从 SST 数据库中找出不同生活时期各自适合的 SST 和对应的地理位置，连接所有合适的海域来预测可能的洄游路径[227]。主要假设为：

(1) 将所有高含量的 7 种微量元素组合并与 SST 进行逐步回归分析，根据 AIC 最小的准则，选择与 SST 关系密切的微量元素作为水温指示元素。

(2) 假设不同生长阶段微量元素与 SST 关系不变。

(3) 为增加可预测 SST 范围，所有样本都可以用于建立 SST 与微量元素的关系。

(4) 样本中均属于冬春生产卵群体。因此它们所经历的生活史所处的环境应该也是类似的，因此根据所得的微量元素来计算合适的 SST 仅可用于一个产卵群体。

5.2.1.3 洄游路径实现过程

(1)孵化期推算。孵化期是由捕捞日期减去推断的日龄所得到的。

(2)各个取样点日期的推算。取样点日期是由孵化日期加上各取样点日龄。

(3)利用回归分析建立微量元素与 SST 的关系。SST 数据来源于 Oceanwatch(http：//oceanwatch.pifsc.noaa.gov/las/servlets/dataset)，时间分辨率为周，空间分辨率为 0.1°×0.1°。为了更适合于洄游路径的分析推断，将空间分辨率转化为 0.5°×0.5°(见附录 5)，进行后续的计算。

(4)用柔鱼最大游泳速度(20km/d)[168]界定其最大可移动范围。找出不同生活史时期微量元素对应的 SST 和对应的经纬度，在此范围内适合的 SST 所对应的地点是可能出现的海域。每个样本各有一个合适的海域，所有样本都出现的地方就是最有可能出现的海域，概率为 1，没有出现样本的概率为 0，以此类推[227]。通过 R 语言的"geoR"包，计算出周边可能出现的海域及其对应的概率，通过空间插值的方法作出对应时期的分布图。

所有的处理和分析用 R 3.2.3 编写，代码见附录 6。

5.2.2 结果

5.2.2.1 微量元素和温度的关系

选取捕获日地点的 SST，与角质颚第五阶段(成鱼期)的 7 种微量元素进行回归分析。结果认为，Na/Ca、P/Ca 和 Zn/Ca 三种元素的组合关系合适，AIC 值最小(表 5-3)。回归系数见表 5-4，微量元素与 SST 的最适关系式为

$$SST=20.367-0.0076Na/Ca-0.0009P/Ca+0.0201Zn/Ca$$

表 5-3　不同元素逐步回归分析结果

步骤	删除因子	自由度	标准差	残差自由度	残差标准差	AIC
1	—	—	—	22	105.227	53.648
2	Cu	1	0.140434	23	105.369	51.688
3	K	1	3.075477	24	108.444	50.551
4	Mg	1	2.717551	25	111.162	49.294
5	Sr	1	6.416297	26	117.578	48.977

表 5-4 SST 与 Na/Ca、P/Ca 和 Zn/Ca 回归分析系数表

系数	系数	标准误	t 值	P 值	95%置信区间	
					上限	下限
截距	20.367	0.655	31.095	<0.001	19.021	21.714
Na 斜率	−0.0076	0.0021	−3.493	0.0017	−0.012	−0.003
P 斜率	−0.0009	0.0005	−1.784	0.0861	−0.002	0.0001
Zn 斜率	0.0201	0.0061	3.282	0.0029	0.007	0.0328

5.2.2.2 不同生长阶段日龄和对应的日期

根据前述的假设，选取上述个体的胚胎期、仔鱼期、稚鱼期、亚成鱼期和成鱼期取样点来计算对应大致的日龄。所有个体对应的日龄分布为 21~32d、48~70d、110~139d 和 144~180d，推算的对应主要月份为 1~3 月、2~4 月、5~7 月和 6~8 月(表 5-5)。

表 5-5 样本各个生活史时期对应的日龄和日期

样本号	不同生长阶段对应日龄/d					不同生长阶段对应日期(年/月/日)				
	胚胎期	仔鱼期	稚鱼期	亚成鱼期	成鱼期	胚胎期	仔鱼期	稚鱼期	亚成鱼期	成鱼期
1922	0	23	48	110	144	2010/1/18	2010/2/10	2010/3/7	2010/5/8	2010/6/11
1881	0	24	54	114	161	2010/1/31	2010/2/24	2010/3/26	2010/5/25	2010/7/11
1917	0	21	52	116	157	2010/2/20	2010/3/13	2010/4/13	2010/6/16	2010/7/27
1693	0	27	56	127	171	2010/2/24	2010/3/23	2010/4/21	2010/7/1	2010/8/14
137	0	25	57	112	162	2010/10/30	2010/11/24	2010/12/26	2011/2/19	2011/4/10
66	0	32	65	121	168	2010/11/25	2010/12/27	2011/1/29	2011/3/26	2011/5/12
115	0	27	60	139	180	2010/12/20	2011/1/16	2011/2/18	2011/5/8	2011/6/18
268	0	29	53	125	162	2010/12/31	2011/1/29	2011/2/22	2011/5/5	2011/6/11
307	0	28	69	126	172	2011/1/18	2011/2/15	2011/3/28	2011/5/24	2011/7/9
106	0	31	66	135	159	2011/2/2	2011/3/5	2011/4/2	2011/6/17	2011/7/11
116	0	32	70	132	160	2011/2/6	2011/3/10	2011/4/17	2011/6/18	2011/7/16
296	0	26	64	129	170	2011/2/10	2011/3/8	2011/4/15	2011/6/19	2011/7/30
306	0	30	66	135	168	2011/2/25	2011/3/27	2011/5/2	2011/7/10	2011/8/12
1931	0	19	45	90	118	2010/3/6	2010/3/25	2010/4/20	2010/6/4	2010/7/2
444	0	24	62	126	156	2010/3/6	2010/3/30	2010/5/7	2010/7/10	2010/8/9
442	0	28	52	130	158	2010/3/7	2010/4/4	2010/4/28	2010/7/15	2010/8/12

续表

样本号	不同生长阶段对应日龄/d					不同生长阶段对应日期(年/月/日)				
	胚胎期	仔鱼期	稚鱼期	亚成鱼期	成鱼期	胚胎期	仔鱼期	稚鱼期	亚成鱼期	成鱼期
419	0	27	45	112	142	2010/3/30	2010/4/26	2010/5/14	2010/7/20	2010/8/19
352	0	32	60	126	167	2011/3/9	2011/4/10	2011/5/8	2011/7/13	2011/8/23
279	0	31	61	129	171	2011/3/7	2011/4/7	2011/5/7	2011/7/14	2011/8/25
334	0	32	65	125	153	2011/3/28	2011/4/29	2011/6/1	2011/7/31	2011/8/28
313	0	19	58	132	164	2011/4/2	2011/4/21	2011/5/30	2011/8/12	2011/9/13
237	0	29	57	128	158	2011/4/23	2011/5/22	2011/6/19	2011/8/29	2011/9/28

5.2.2.3 不同生长阶段对应的角质颚微量元素

上述样本中，个体胚胎期角质颚的 Na/Ca 为 22.23~526.78，P/Ca 为 11.85~2204.13，Zn/Ca 为 0.55~35.91；仔鱼期角质颚的 Na/Ca 为 10.95~653.17，P/Ca 为 18.15~1812.30，Zn/Ca 为 0.40~85.77；稚鱼期角质颚的 Na/Ca 为 29.68~850.41，P/Ca 为 28.30~5672.58，Zn/Ca 为 0.81~362.83；亚成鱼期角质颚的 Na/Ca 为 76.12~787.46，P/Ca 为 47.24~2520.02，Zn/Ca 为 0.81~118.26；成鱼期角质颚的 Na/Ca 为 62.58~742.66，P/Ca 为 32.89~2091.61，Zn/Ca 为 0.62~146.41(表 5-6)。

表 5-6 样本各个不同生活阶段 Na/Ca、P/Ca 和 Zn/Ca 浓度

样本号	胚胎期			仔鱼期			稚鱼期			亚成鱼期			成鱼期		
	Na/Ca	P/Ca	Zn/Ca	Na/Ca	P/Ca	Zn/Ca	Na/Ca	P/Ca	Zn/Ca	Na/Ca	P/Ca	Zn/Ca	Na/Ca	P/Ca	Zn/Ca
1922	204.61	302.95	19.22	150.05	621.57	17.33	245.57	1209.09	25.51	111.82	623.94	13.52	277.48	697.04	11.19
1881	129.97	361.23	20.63	212.93	411.54	22.80	375.16	572.23	18.65	353.80	383.07	7.11	86.92	2091.61	44.60
1917	106.37	60.48	4.32	94.76	278.93	55.34	244.46	366.96	9.04	254.99	585.97	118.26	62.58	40.71	2.92
1693	170.51	266.08	8.62	169.10	322.97	12.25	139.53	474.95	8.44	242.42	2520.02	29.23	116.53	1444.84	47.64
137	123.99	11.85	0.55	100.95	18.15	0.40	381.62	33.02	0.81	462.10	47.24	0.81	179.58	32.89	0.62
115	373.51	68.68	3.29	218.72	71.24	4.41	378.69	101.50	7.14	787.46	284.10	19.05	381.84	63.60	5.79
66	69.74	30.14	3.84	37.71	33.14	2.94	119.34	124.85	9.56	171.72	105.09	7.63	210.74	409.00	9.28
268	252.55	2204.13	35.91	150.71	1781.94	28.32	206.40	1457.16	27.12	76.12	791.58	9.26	81.10	548.00	7.35
307	97.46	88.78	5.13	245.23	58.96	4.48	615.17	197.03	25.84	694.89	281.16	22.68	295.64	81.11	7.65
106	203.22	832.63	25.64	239.44	750.34	16.68	180.71	460.96	9.16	327.57	894.29	22.37	742.66	1921.26	133.18
116	55.58	16.70	1.53	47.40	27.97	1.95	57.66	76.70	7.23	109.86	124.15	14.14	124.50	143.90	13.43

续表

样本号	胚胎期 Na/Ca	P/Ca	Zn/Ca	仔鱼期 Na/Ca	P/Ca	Zn/Ca	稚鱼期 Na/Ca	P/Ca	Zn/Ca	亚成鱼期 Na/Ca	P/Ca	Zn/Ca	成鱼期 Na/Ca	P/Ca	Zn/Ca
296	203.29	233.83	11.72	146.58	113.40	8.35	387.13	533.66	13.64	246.64	204.14	8.26	153.64	357.40	146.41
306	178.22	138.60	6.97	63.90	104.88	6.55	436.19	269.57	30.36	492.34	236.02	10.21	512.56	198.68	18.90
1931	146.92	231.29	4.71	136.13	336.89	5.55	358.50	968.00	16.03	48.74	207.03	3.31	188.55	2583.77	39.70
444	35.46	58.16	2.25	49.31	25.56	4.66	55.56	28.30	4.90	52.24	29.32	2.29	93.15	104.06	8.61
442	256.96	100.29	3.29	172.35	55.50	1.95	336.90	91.07	3.96	432.23	155.43	4.47	189.69	179.92	1.99
419	72.29	108.37	3.52	69.92	175.57	2.93	183.48	792.44	10.19	189.81	571.17	6.06	142.46	161.89	1.21
352	87.30	567.01	13.10	37.11	251.87	6.21	108.09	901.90	60.18	44.73	316.50	7.70	96.55	344.18	6.35
279	404.35	134.04	9.08	527.15	212.99	15.95	850.41	1663.14	99.14	543.68	435.08	44.74	225.31	934.35	36.60
334	233.62	93.03	14.22	157.12	91.46	10.83	125.09	137.54	16.96	406.21	363.87	28.51	230.70	2394.26	9.81
313	283.76	1168.18	27.64	131.46	563.56	9.57	819.09	1930.41	46.90	265.19	472.87	7.77	284.93	514.78	12.46
237	395.34	62.49	9.10	155.97	59.94	7.20	609.42	180.70	6.79	763.27	119.07	4.18	630.61	360.89	11.32

5.2.2.4 不同生长阶段的柔鱼空间分布

根据样本捕捞的地点(150°~157°E，39°~43°N)，利用 R 语言模拟推测出不同时期柔鱼可能出现的范围及其概率。胚胎期最有可能出现在日本南部 130°~140°E、28°~30°E 海域，仔鱼期最有可能出现在 135°~145°E、30°~35°E 海域，稚鱼期最有可能出现在 140°~145°E、33°~35°E 海域和 150°~155°E、30°~34°E 海域，亚成鱼期最有可能出现在 150°~155°E、37°~40°E 海域(图 5-4)。

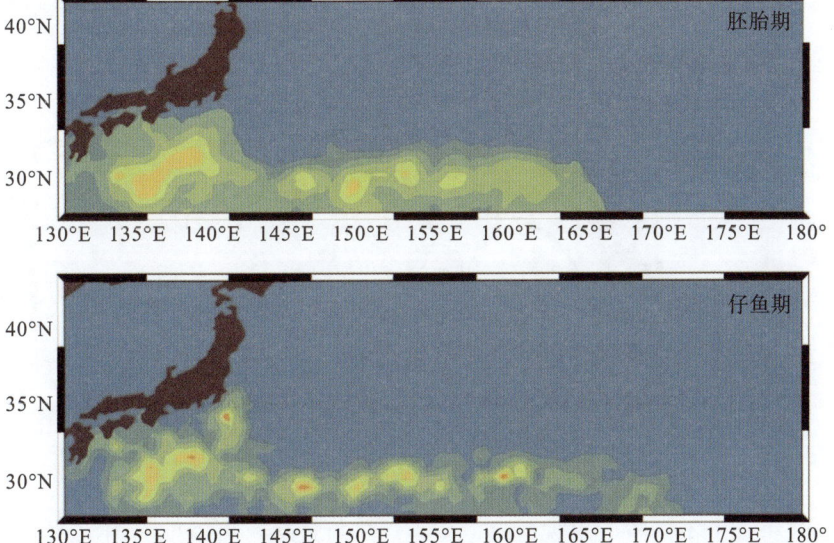

图 5-4　不同生长阶段柔鱼出现的概率

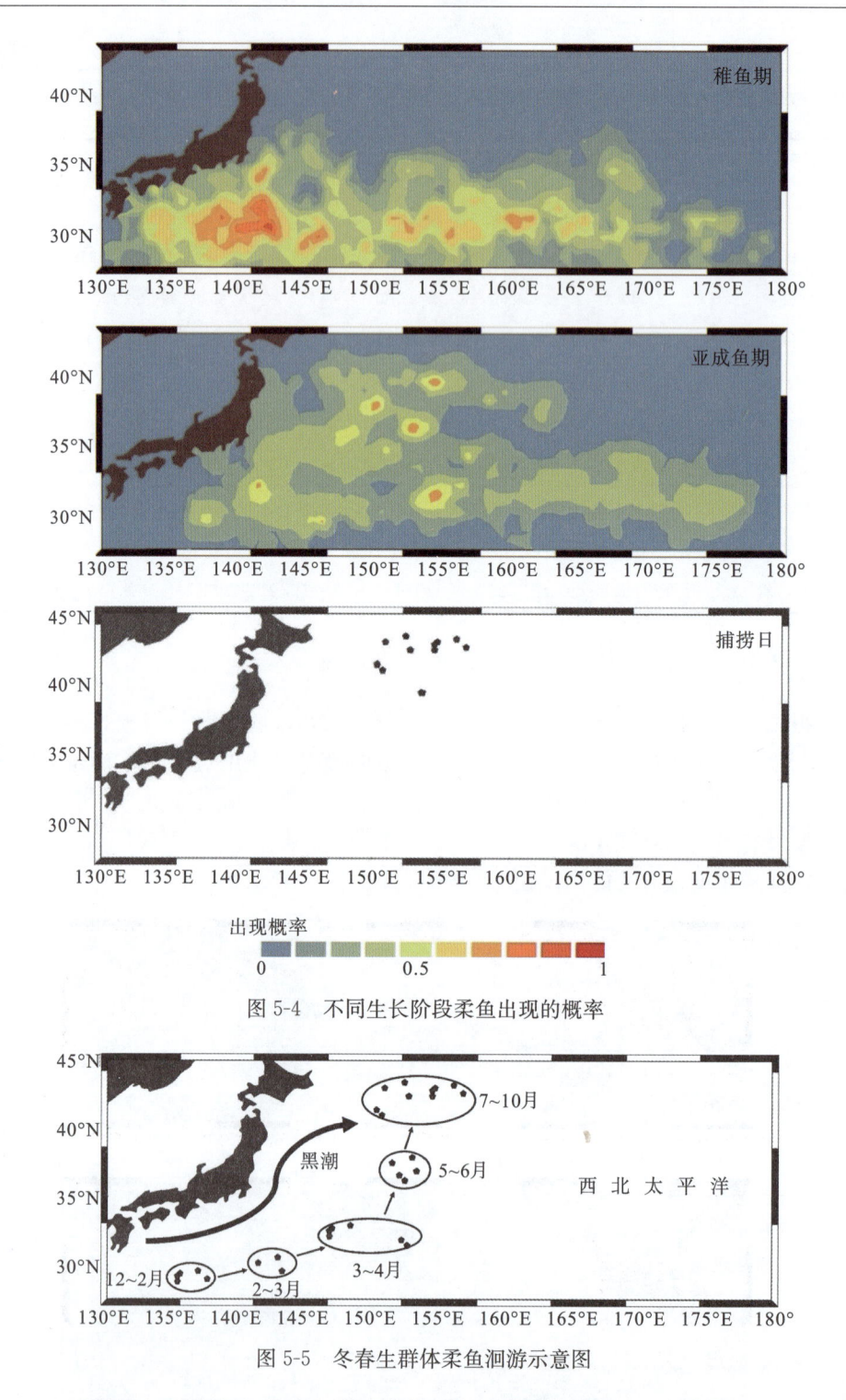

图 5-5　冬春生群体柔鱼洄游示意图

通过将五个不同阶段出现最高概率地点进行连接，可以推算出大致的洄游路径：12月~翌年2月初在25°~30°N孵化，然后随着黑潮，2~4月向东北方向洄游，在140°~145°E、30°~32°N海域和145°~155°E、30°~35°N海域分别经历了仔鱼期和稚鱼期后，继续向北洄游至150°~155°E、35°~40°N海域，到7~10月洄游至150°~160°E、40°~45°N海域索饵，一直生长到成体(图5-5)。

5.3 讨论与分析

5.3.1 角质颚微量元素组成

目前针对角质颚微量元素的研究尚无相关报道，因此本研究目前为首次研究。以往针对头足类的研究主要围绕着耳石。耳石是钙化结构，除了钙(Ca)为最多的元素外，锶(Sr)的含量占第二位。而本研究中，角质颚中含量最高的是Ca，占45%~50%；后四位的元素含量排名分别为Mg、Na、K、P，但这些元素的组成波动很大(表5-2)。其中Mg、Na、K均为金属元素，主要控制角质颚细胞合成与生长。而角质颚中主要由大量的有机物组成，其中甘氨酸(Glycine)和丙氨酸(Alanine)为含量最多的氨基酸[82]。而P在有机物合成中起着至关重要的作用，促进了角质颚的生长。之前对耳石微量元素的研究认为，Sr与头足类个体所生活的水温环境有着很大的关系[230,231]。而角质颚中的Sr含量很低，且各个阶段并不存在显著差异，这与耳石有着很大的不同。Rodríguez-Navarro等[232]对大王乌贼(*Architeuthis dux*)角质颚的不同部位取样，进行了微量元素分析，发现P和Se与其生活的水层有着很大的关系[232]。本研究检测结果发现，几乎没有检测到Se的存在，而P含量很高。不同种类的角质颚元素组成可能会造成这一差异，同时P的含量可能还与水温有着较大的关系。总的来说，角质颚中无机元素的含量偏低，同时组成也不稳定。

5.3.2 微量元素性别和群体差异

从不同性别角质颚的微量元素含量来看，统计分析结果认为，大多数元素并不存在差异($P>0.05$)。Ba、Ag和Cu分别在个体生长的后期发现了差异。由于Ba在海水中的含量与深度密切相关，因此Ba在之前耳石的研究中主要被认定为头足类垂直移动的指标性元素[230,233]。因此，可能是不同性别的个体在不同水层栖息所造成的。而Ag和Cu在之前对鱼类的研究中，主要可以指示受污染的程度[234,235]。本研究样本处于大洋深处，水体受到的污染比较少，需要后续进一步研究发现其中变化的规律。

本研究中冬生群体和春生群体并没有发现差异。Ichii[8]根据不同海洋环境的变化，推测出北太平洋柔鱼三个群体（冬生群体、春生群体和秋生群体）的洄游路径。其中秋生群体的洄游方式在不同性别间的差异很大，而冬生群体和春生群体间，无论雌雄，洄游路径差异都不大，即均为向北索饵洄游，向南产卵洄游。春生群体的栖息和洄游范围更靠南（23°～40°N附近），冬生群体的范围更靠北（25°～45°N附近）[8]。可以认为，两者所处环境的差异并不大，因此两个群体并不存在显著的差异。刘必林[227]认为，Mg/Ca可以很好地对不同的地理种群进行划分。从图5-3可以看出，不同群体P和Mg在生长阶段后期有较大的差异，前期的差异不显著。头足类的胚胎表面有保护膜存在，外界环境很难与内部进行物质交换[236]，胚胎的发育主要靠原始的卵黄囊供给营养，这个过程的微量元素变化主要受到其母体的遗传影响[231,233]。而在本研究中，两个群体同处于类似的栖息地，并不能很好地通过胚胎期和仔鱼期的微量元素来进行区分。后续的研究中可以选取合适的微量元素针对东部和西部两个不同的地理群体进行划分。

5.3.3　洄游路径的重建

洄游是头足类以觅食或产卵为目的，进行长距离移动的一种行为方式。这种行为主要受到相关海洋环境和食物等因素的影响[237,238]。以往主要采用实物标记重捕的方式来研究头足类的洄游[239]。这种方法可以大致推断出某些个体的洄游路径，但仅能代表个体的洄游，无法推广到整个群体，同时该方法的花费较大，很多标记回收率也很低，有着比较明显的缺点[239]。耳石等硬组织记录了整个头足类的生活史，近年来针对头足类耳石的微量元素研究越来越多，并且将其与相关海洋环境因子（如SST等）结合，找出了不同生活阶段生活栖息的规律。如Zumholz[233]发现鹦乌贼（*Gonatus fabricii*）幼体主要生活在表层，而成体向深水具有较冷水温的海域洄游[233]。该方法较易获取样本，通过合理的预测和实验，可以推测出较为准确的结果[227]。

硬组织微量元素的沉积和水温的变化密切相关。已有多名学者针对耳石中Sr/Ca的含量与水温建立起关系[230,231,240]。本研究首次以角质颚为材料，将其中含量较高的元素与相应的SST建立关系，发现SST与Na/Ca、P/Ca和Zn/Ca有着显著关系，逐步回归的AIC值最小（表5-3）。由于角质颚中的钙化成分较少，其他微量元素的组成也有很大的差异，在耳石中含量仅次于Ca的Sr在角质颚中的含量很低，因此无法像之前的研究一样，通过该元素建立起与温度的关系[230,231,240]。Na和Zn为较常见的金属元素，而P为非金属元素，在角质颚中的含量很高，本研究中P和SST有着较为紧密的关系，也说明了该元素在角质颚微量元素研究中的重要性[232]，在今后的研究中需要更多注意P在角质颚中所起的作用。

头足类在早期无法自主游泳移动，仅能通过海流随波逐流。而 SST 为其生长的最主要环境因子，通过海流流动和速度寻找大洋性头足类可能的产卵场也是一种研究头足类洄游的新思路。刘必林[227]通过类似的方法，推算出分布于智利海域的茎柔鱼可能的洄游路径。本研究结果也推测了柔鱼洄游路径，即 25°~30°N 开始孵化，逐渐向北洄游至 40°N 左右的索饵场。柔鱼产卵适宜温度为 18~25℃，最适宜为 21~25℃[168,241]，主要在 20°~25°N 的海域。本研究推测的产卵场结果稍偏北，可能与采样年份的水温分布变化有关。在结果中还发现冬春生群体的柔鱼个体洄游有逐渐自西向东的洄游趋势(图 5-5)。冬春生群体的洄游与黑潮的流向有着很大的关联[28,242]。因此结果中的洄游方向正好符合黑潮的流向，自西南方向向东北方向移动。这与之前学者研究的结果均相似[8,38]。近期有学者发现，风的驱动也可能使得柔鱼的幼体分布发生变化[243]。大洋性头足类的分布与很多环境因素有关，后续的研究需要考虑更多的因子进行幼体分布和洄游推测。

5.4 小　　结

(1)角质颚中主要存在 18 种微量元素，其中 Ca 的含量最高，其次为 Mg。均值超过 100×10^{-6} 的元素有 P、Na、K。均值超过 10×10^{-6} 的元素有 Cu、Zn、Sr。

(2)大多数微量元素在性别间不存在差异($P>0.05$)，仅有稚鱼期的 Ba，亚成鱼期的 Ag 和捕捞期的 Cu 在性别上有差异($P<0.05$)。Na/Ca、K/Ca 和 Cu/Ca 含量在稚鱼期含量升高，在成鱼期下降；P/Ca 和 Zn/Ca 在稚鱼期急剧升高，亚成鱼期有所下降，到成鱼期再次上升。仅 Cu/Ca 在不同时期含量存在着差异(ANOVA，$P<0.05$)。不同孵化季节的个体之间微量元素不存在差异($P>0.05$)。

(3)通过逐步线性分析法，筛选出 Na、P 和 Zn 为 SST 匹配的最适的三个微量元素因子，同时选出不同对应点的微量元素含量。

(4)根据柔鱼可洄游的最大范围，利用 R 语言程序推算其不同阶段可能出现海域的概率，以此推算冬春生群体柔鱼的洄游路径。根据推算的结果，认为冬春生群体洄游路径大致为：12 月~翌年 2 月初在 25°~30°N 孵化，然后沿着黑潮流动的方向，2~4 月向东北方向洄游，经历了仔鱼期和稚鱼期后，向北洄游至 150°~155°E、35°~40°N 海域，到 7~10 月洄游至 150°~160°E、40°~45°N 海域进行索饵生长。

第6章 主要结论与展望

6.1 主 要 结 论

(1)北太平洋不同群体柔鱼角质颚形态学研究。本书根据2010~2012年我国鱿钓船在北太平洋采集的柔鱼样本,测量了不同柔鱼群体角质颚的12项参数。结果发现,雌性角质颚长度大于雄性,不同群体的雌性角质颚形态有显著差异($P<0.01$),而雄性之间差异不显著($P>0.05$)。角质颚形态在性腺未成熟个体与性成熟个体间存在显著差异($P<0.01$)。

将东西部群体的不同性别分为四组,通过对不同硬组织的形态参数进行判别分析发现,仅以角质颚为判别参数的群体判别正确率为55.2%,仅以耳石为判别参数的群体判别正确率为52.2%,以耳石和角质颚形态参数结合的群体判别正确率为71.7%。通过结合相应的硬组织参数,可以显著地提高群体判别正确率。

选取不同群体上下角质颚边缘各20个地标点,对不同群体和不同性别进行差异分析。结果认为,上下颚的形态变化有着较大的差异,色素沉着对角质颚的形态有很大的影响,不同色素沉着等级的角质颚,有着不同的异速生长模式,不同群体间的这种模式差异较大。通过薄板条样分析法,可以发现不同群体角质颚形态在各个部位的差异。不同性别的角质颚形态差异相对较小,色素沉着等级对角质颚形态的影响也不大。对上颚形态主成分进行判别分析,其判别正确率为66.5%;下颚主成分的判别正确率为69.5%。相比而言,下颚是种群划分更好的材料。

(2)基于角质颚的柔鱼日龄与生长研究,并与耳石进行比较。观察发现,角质颚喙端并无明显的分区结构,纵向轮纹从喙端到头盖与脊突连接处的部分清晰可见,某些样本喙端部分被腐蚀,可能与摄食过程中的损耗有关。角质颚的生长纹非常清晰,且呈明暗相间的条带分布。一些个体中也发现标记轮的存在。

比较角质颚与耳石的生长纹数量,发现大多数耳石的生长纹数目稍多于角质颚,两者差异不明显,决定系数接近1,这基本验证了角质颚喙部轮纹"一日一轮"的特征。因此角质颚也是估算头足类日龄的可靠材料之一。同时因角质颚处理相对简单和便捷,有更良好的推广价值。

利用角质颚微结构对柔鱼日龄进行估算，结构认为样本的日龄为107~322d，根据逆推算其孵化日期，高峰期为1~4月，因此推算样本为冬春生群体。生长初期，雄性个体角质颚生长较快，生长至较大的个体后，雌性角质颚生长快于雄性个体。不同时期的角质颚形态，在不同性别中的生长速率也不同。胴长、体重与日龄的关系均呈指数生长，与前人研究的结果有所不同。从生长曲线的趋势来看，本研究中生长趋势较为平缓，可能是由于角质颚读取的日龄偏低所造成的，同时不同年份不同环境因素的变化也会对柔鱼的生长产生很大的影响。

(3) 柔鱼角质颚色素沉着等级重定义及稳定同位素研究。根据前人研究结果，对柔鱼角质颚的色素沉着等级进行重新定义。描述结果中删除了原有的0级，增加了上颚头盖部分的描述，使得色素沉着等级的特征更为具体，更适合用于描述柔鱼的角质颚色素沉着特征，同时也更加容易辨别。雌雄色素等级在不同的胴长中分布不同：雌性个体较大，等级分布较为分散，雄性的分布相对较为集中。角质颚各个形态参数在不同的色素等级间均存在着显著差异($P<0.01$)。在色素等级初期（1级和2级）以及晚期（6级和7级）的角质颚形态则没有明显差异($P>0.05$)，而其他的各个时期间各项参数均存在显著差异($P<0.01$)。根据不同月份角质颚分布，发现柔鱼角质颚的色素沉着等级随着月份增加不断增大。胴长、体重和角质颚参数与色素沉着的关系均为对数关系。色素沉着的变化随着个体的增长逐渐减缓。

通过对不同群体柔鱼的角质颚稳定同位素的研究，结果发现除了C/N外，不同群体角质颚碳氮稳定同位素（$\delta^{13}C$和$\delta^{15}N$）组成均有显著差异($P<0.01$)，上、下颚的稳定同位素也存在着差异($P<0.01$)。东西部群体的摄食生态位有着较大的重叠，西部群体和东部群体的大个体有着类似的生态位。$\delta^{13}C$和$\delta^{15}N$随着柔鱼胴长的增大而不断升高。相比西部群体而言，东部群体升高得更为明显。东部群体所处的生态位变化要比西部群体更为明显，所经历的栖息环境可能更为复杂。根据广义加性模型（GAM）结果，纬度以及胴长和$\delta^{13}C$在西部群体中存在着显著关系，随着纬度的增加，$\delta^{13}C$也不断增加，胴长在增长的过程中呈现波动变化的规律。而东部群体则没有一个参数与$\delta^{13}C$有显著关系。$\delta^{15}N$与胴长变化有着密切的关系。在两个群体中都发现了$\delta^{15}N$在某一个胴长范围内处于稳定状态，也表明了柔鱼在洄游过程中某一段时间的生态位几乎不发生变化，以用于供应性腺的发育。

(4) 柔鱼角质颚微量元素含量分析，并推测洄游路径。利用LA-ICP-MS的方法，从角质颚的不同部位取样，对不同生长阶段柔鱼的微量元素变化进行分析。结果认为，柔鱼角质颚中主要存在18种无机元素，其中Ca的含量最高，其次为Mg。均值超过100×10^{-6}的元素有P、Na、K。均值超过10×10^{-6}的元素有Cu、Zn、Sr。大多数微量元素在性别间不存在差异($P>0.05$)，仅有稚鱼期的Ba，亚成鱼期的 Ag 和捕捞期的 Cu 在性别上有差异（$P<0.05$）。Na/Ca、K/Ca 和 Cu/Ca 含量在稚鱼期升高，在成鱼期下降；P/Ca 和 Zn/Ca 在稚鱼期急剧升高，亚成鱼期有所下降，到成鱼期再次上升。仅 Cu/Ca 在不同时期含量存在着差异（$P<0.05$）。不同孵化季节的个体之间微量元素不存在差异（$P>0.05$）。

通过逐步线性分析法，筛选出 Na、P 和 Zn 三种微量元素与 SST 的关系最为紧密。根据柔鱼可洄游的最大范围和适宜的栖息水温，利用软件推算出柔鱼不同阶段可能出现海域的概率，以此推算冬春生群体柔鱼的洄游路径。根据推算的结果，认为冬春生群体洄游路径大致为：12 月～2 月初在 25°～30°N 孵化，然后沿着黑潮流动的方向，在 2～4 月向东北方向洄游，经历了仔鱼期和稚鱼期后，向北洄游至 150°～155°E、35°～40°N 海域，到 7～10 月洄游至 40°～45°N 亚北极锋面索饵生长。该结果也证实了前人通过其他方法对柔鱼洄游的研究结果。

6.2　研究创新点

利用两种以上的硬组织形态参数，成功地针对柔鱼进行了群体判别，判别正确率比常规方法提高了 20% 以上；同时利用几何形态测量分析方法应用于头足类硬组织形态分析，对不同群体和不同性别柔鱼进行区分，模拟出其基本形态，成功地进行了群体和性别的判别。以上方法弥补了传统形态学在头足类研究领域中的不足。

应用 GAM 模型，建立了柔鱼角质颚中稳定同位素（δ^{13}C 和 δ^{15}N）与相关生物和非生物因子的关系，对不同群体柔鱼的摄食生态情况有了更为全面的了解，并成功地将结果与洄游规律结合来解释其变化的原因。该方法有效地弥补了传统胃含物鉴别法的不足。

首次完整地建立了一套以角质颚为材料对头足类种群划分、年龄生长、摄食生态和推测生活史研究的思路和方法，为今后开展各种头足类的生态学研究提供了强有力的支持和参考借鉴。

6.3　存在问题及展望

划分种群应更多考虑亚种群存在的可能性。亚种群在外形上的区别相对种群会更为不明显，但是将其混入一个种群中讨论可能会引起一定的差异。地标点法可以很好地区分种群并且可以模拟种群差异的平均型，后续的研究需要更多注意地标点的数量和位置。今后的研究中可以考虑将胴体和硬组织结合起来，利用机器学习的方法进行种群划分[244]，结合分子生物学的方法进行更有效的判别分析。

年龄与生长是渔业生物学研究的基础。角质颚可以用于年龄鉴定在本书中得到了证实。而大多数样本角质颚的喙端部位存在明显的腐蚀痕迹，对真实日龄的估算造成了很大影响。因此后续可以针对幼体和成体角质颚进行对比，从形态学的角度来比较两者喙端形态差异，观察微结构来估算喙端腐蚀部位的日龄。同时需要利用更多的硬组织（如内壳、眼球等）来进一步找出更合适研究年龄生长的材料。

色素沉着是角质颚中重要的化学变化过程。目前针对色素沉着的研究多为定性分析。本研究中虽然更新了色素沉着的等级划分，但是缺乏针对每个等级变化过程的分析。今后可以将色素沉着所占整个角质颚面积的比例为指标，结合色素分布特征，进一步定量完善角质颚的外形变化分析；同时根据色素中所含化学元素的变化，与摄食习性进行结合分析，更好地研究头足类在海洋生态系统中的地位及其与个体生长的关系。

角质颚中稳定同位素含量不会受到脂肪含量的影响，因此非常适合使用稳定同位素的研究。而不同部位的角质颚记录了不同生长阶段的信息，因此后续研究应该根据角质颚的微结构进行分段处理，研究不同生长阶段的稳定同位素信息，更有针对性地研究头足类在整个生活史中的生态位变化，找出潜在洄游的规律。

角质颚由于其结构组成特殊，针对其微化学分析在以往的研究中较为少见，存在着较多的不确定性。本研究中也时有发现取样时信号不稳的现象，后续针对角质颚微量元素的研究应该加强取样稳定性，尤其注意磷（P）在角质颚中所起的作用，同时应分析更多的样本，将其结果与耳石等其他硬组织的微量元素含量进行对比，结合更多环境因子来推测洄游路径。

参 考 文 献

[1] Jereb P, Roper C F E. Cephalopods of the world. An annotated and illustrated catalogue of cephalopod species known to date. vol. 2. Myopsid and oegopsid squids. FAO Species Catalogue for Fishery Purposes 4, FAO, Rome. 2010, 605.

[2] 平成26年度国際漁業資源の現況：アカイカ 北太平洋. 水産庁・水産総合研究センター. 2015, 65: 1-7.

[3] Yatsu A, Midorikawa S, Shimadda T, et al. Age and growth of the neon flying squid, *Ommastrephes bartramii*, in the North Pacific Ocean[J]. Fisheries Research, 1997, 29: 257-270.

[4] Yatsu A, Mori J. Early growth of the autumn cohort of neon flying squid, *Ommastrephes bartramii*, in the North Pacific Ocean[J]. Fisheries Research. 2000, 45: 189-194.

[5] Yatsu A. Age estimation of four oceanic squids, *Ommastrephes bartramii*, *Dosidicus gigas*, *Sthenoteuthis oualaniensis*, and *Illex argentinus* (Cephalopoda, Ommastrephidae) based on statolith microstructure[J]. Jpn. Agric. Res. Quart, 2000, 34 (1): 75-80.

[6] Chen C S, Chiu T S. Variations of life history parameters in two geographical groups of the neon flying squid, *Ommastrephes bartramii*, from the North Pacific[J]. Fisheries. Research. 2003, 63: 349-366.

[7] Watanabe H, Kubodera T, Ichii T, et al. Feeding habits of neon flying squid *Ommastrephes bartramii* in the transitional region of the central North Pacific[J]. Marine ecology progress series, 2004, 266: 173-184.

[8] Ichii T, Mahapatra K, Sakai M, et al. Life history of the neon flying squid: effect of the oceanographic regime in the North Pacific Ocean[J]. Marine ecology progress series, 2009, 378: 1-11.

[9] Chen X J, Zhao X H, Chen Y. El Niño/La Niña Influence on the Western Winter-Spring Cohort of Neon Flying Squid (*Ommastrephes bartarmii*) in the northwestern Pacific Ocean[J]. ICES J Mar Sci, 2007, 64: 1152-1160.

[10] Ichii T, Mahapatra K, Okamura H, et al. Stock assessment of the autumn cohort of neon flying squid (*Ommastrephes bartramii*) in the North Pacific based on past large-scale high seas driftnet fishery data [J]. Fisheries Research, 2006, 78(2): 286-297.

[11] Chen X J, Chen Y, Tian S Q, et al. An assessment of the west winter-spring cohort of neon flying squid (*Ommastrephes bartramii*) in the Northwest Pacific Ocean [J]. Fisheries Research, 2008, 92 (2): 221-230.

[12] Wang J T, Yu W, Chen X J, et al. Stock assessment for the western winter-spring cohort of neon flying squid (*Ommastrephes bartramii*) using environmentally dependent surplus production models[J]. Scientia Marina, 2016. doi: http://dx.doi.org/10.3989/scimar.04205.11A.

[13] 陈新军, 田思泉, 陈勇, 等. 北太平洋柔鱼渔业生物学[M]. 北京: 科学出版社, 2011: 1-20.

[14] Burke W T, Freeberg M, Miles E L. United Nations Resolutions on driftnet fishing: an unsustainable precedent for high seas and coastal fisheries management [J]. Ocean Dev. Int. Law, 1993, 25: 127-186.

[15] 王尧耕, 陈新军. 世界大洋性经济柔鱼类资源及其渔业[M]. 北京: 海洋出版社. 2005: 124-157.

[16] 余为, 陈新军. 西北太平洋柔鱼栖息地环境因子分析及其对资源丰度的影响[J]. 生态学报, 2015, 35

(15): 5032-5039.

[17] Murakami K, Watanabe Y, Nakata J. Growth, distribution and migration of flying squid (*Ommastrephes bartrami*) in the North Pacific. In: Mishima, S. (Ed.), Pelagic animals and environments around the Subarctic Boundary in North Pacific (in Japanese with English abstract). Hokkaido University, Research Institute of North Pacific Fisheries, Hakodate, 1981, 161-179.

[18] 陈新军, 田思泉, 叶旭昌. 西北太平洋柔鱼种群的聚类分析[J]. 上海水产大学学报, 2002, 11(4): 335-341.

[19] Nagasawa K, Mori J, Okamura H. Parasites as biological tags of stocks of neon flying squid (*Ommastrephes bartramii*) in the North Pacific Ocean[R]. In: Okutani T. (Ed.), Contributed Papers to International Symposium on Large Pelagic Squids. Japan Marine Fishery Resources Research Center, Tokyo. 1998: 49-64.

[20] Yatsu A. Distribution of flying squid, *Ommastrephes bartramii*, in the North Pacific based on a jigging survey, 1976-1983[J]. Bull. Natl. Res. Inst. Far Seas Fish. 1992, 29: 13-37.

[21] Murata M, Hayase S. Life history and biological information on flying squid (*Ommastrephes bartramii*) in the North Pacific Ocean[J]. Bull. Int. Nat. North Pacific Comm., 1993, 53: 147-182.

[22] 马金. 西北太平洋柔鱼耳石微结构及微化学研究[D]. 上海: 上海海洋大学硕士学位论文, 2010.

[23] Katugin O N. Patterns of genetic variability and population structure in the North Pacific squids *Ommastrephes bartramii*, *Todarodes pacificus*, and *Berryteuthis magister*[J]. Bulletin of Marine Science, 2002, 71: 383-420.

[24] 刘连为, 许强华, 陈新军. 基于线粒体COI和Cytb基因序列的北太平洋柔鱼种群遗传结构研究[J]. 水产学报, 2012, 36(11): 1675-1684.

[25] 刘连为, 陈新军, 许强华, 等. 北太平洋柔鱼微卫星标记的筛选及遗传多样性[J]. 生态学报, 2014, 34(23): 6847-6854.

[26] 陈新军, 马金, 刘必林, 等. 基于耳石微结构的西北太平洋柔鱼群体结构、年龄与生长的研究[J]. 水产学报, 2011, 123(31): 420.

[27] Yatsu A, Tanaka H, Mori J. Population structure of the neon flying squid, *Ommastrephes bartramii*, in the North Pacific[R]. In: Okutani T. Contributed Papers to International Symposium on Large Pelagic Squids. Japan Marine Fishery Resources Research Center, Tokyo, 1998: 31-48.

[28] Nishikawa H, Igarashi H, Ishikawa Y, et al. Impact of paralarvae and juveniles feeding environment on the neon flying squid (*Ommastrephes bartramii*) winter-spring cohort stock [J]. Fisheries Oceanography, 2014, 23(4): 289-303.

[29] Forsythe J W. A worlding hypothesis of how seasonal temperature change my impact the field growth of young cephalopods. In: Okutani T, O'Dor R K, Kubodera T, Recent advances in Cephalopod fisheries biology [M]. Tokyo: Tokai University Press, 1993, 133-143.

[30] Bigelow K A. Age and growth of the oceanic squid *Onychoteuthis borealijaponica* in the North Pacific [J]. Fishery Bulletin, 1994, 92: 13-25.

[31] Arkhipkin A, Argüelles J, Shcherbich Z, et al. Ambient temperature influences adult size and life span in jumbo squid (*Dosidicus gigas*)[J]. Canadian Journal of Fisheries and Aquatic Sciences, 2014, 72(3): 400-409.

[32] Watanabe H, Kubodera T, Ichii T, et al. Diet and sexual maturation of the neon flying squid *Ommastrephes bartramii* during autumn and spring in the Kuroshio-Oyashio transition region[J]. Journal of the Marine Biological Association of the UK, 2008, 88(02): 381-389.

[33]廖为耕. 浅谈北太平洋之海洋环境及赤鱿之洄游[J]. 中国水产(台刊), 1980, 457: 39-47.

[34]Murata M. On the flying behavior of neon flying squid *Ommastrephes bartrami* observed in the central and north western North Pacific[J]. Nippon Suisan Gakk, 1988, 54: 1167-1174.

[35]Young R E, Hirota J. Description of *Ommastrephes bartramii* (Cephalopoda: Ommastrephidae) paralarvae with evidence for spawning in Hawaiian waters[J]. Pacific science, 1990, 44: 71-80.

[36]Saito H, Kubodera T. Distribution of ommastrephid rhynchoteuthion paralarvae (Mollusca, Cephalopoda) in the Kuroshio Region[C]. In: Okutani, T., O'Dor, R. K., Kubodera, T. (Eds.), Recent Advances in Cephalopod Fisheries Biology. Tokai University Press, Tokyo, 1993: 457-466.

[37]Murata M, Nakamura Y. Seasonal migration and diel vertical migration of the neon flying squid, *Ommastrephes bartramii*, in the North Pacific[C]. In: T. Okutani. Contributed papers to the international symposium on large pelagic squids, Tokyo, 1996: 18-19.

[38]Watanabe H, Kubodera T, Moku M, et al. Diel vertical migration of squid in the warm core ring and cold water masses in the transition region of the western North Pacific[J]. Marine Ecology Progress Series, 2006, 315: 187-197.

[39]村田守, 中村好和. 北太平洋におけるアカイカの季節的回遊および日周鉛直移動[J]. In: 奥谷喬司(編), 外洋性大型イカ類に関する国際シンポジウム講演集. 海洋水産資源開発センター, 東京, 1998, 11-28.

[40]Nakamura Y. Vertical and horizontal movements of mature females of *Omastrephes bartramii* observed by ultrasonic telemetry[C]. In: Okutani T, O'Dor RK, Kubodera T. Recent advances in cephalopod fisheries biology. Tokai University Press, Tokyo, 1993, 331-336.

[41]Mori J. Neon flying squid (*Ommastrephes bartrami*) occurred in subtropical Japanese waters in winter. Heisei nendo ikarui shigen kenkyuu kaigi houkoku, Report of the 1996 Meeting on Squid Resources, National Research Institute of Far Seas Fisheries, Shimizu, 1998: 81-91.

[42]Rocha F, Guerra A, Gonzalez A F. A review of reproductive strategies in Cephalopods[J]. Biol Reviews, 2001, 76: 291-304.

[43]Laptikhovsky V. Ecology of Cephalopod reproduction. LAP Lambert Academic Publishing GmBH & Co. Saarbrüchen, Germany, 2011: 233. (In Russian).

[44]Vijai D, Sakai M, Kamei Y, et al. Spawning pattern of the neon flying squid *Ommastrephes bartramii* (Cephalopoda: Oegopsida) around the Hawaiian Islands[J]. Scientia Marina, 2014, 78(4): 511-519.

[45]Nigmatullin C M, Markaida U. Oocyte development, fecundity and spawning strategy of large sized jumbo squid *Dosidicus gigas* [J]. J. Mar. Biol. Assoc. UK, 2009, 89: 789-801.

[46]Zuyev G, Nigmatullin Ch, Chesalin M, et al. Main results of long-term worldwise studies on tropical nektonic oceanic squid genus Sthenoteuthis: an overview of the Soviet investigations[J]. Bull. Mar. Sci. 2002, 71(2): 1019-1060.

[47]Harman R. F., Young R. E., Reid S. B., et al. Evidence for multiple spawning in the tropical oceanic squid *Stenoteuthis oualaniensis* (Teuthoidea: Ommastrephidae)[J]. Mar. Biol. 1989, 101: 513-519.

[48]董正之. 中国动物志软体动物门头足纲[M]. 北京: 科学出版社, 1988: 1-20.

[49]Clarke M R. The identification of cephalopod "beaks" and the relationship between beak size and total body weight[J]. Bulletin of the British Museum (Natural History)[J]. Zoological series, 1962, 8(10): 421- 480.

[50]陈新军, 刘必林. 世界头足类[M]. 北京: 海洋出版社, 2009: 189-215.

[51] Bookstein F L. Morphometric Tools for Landmark Data: Geometry and Biology[M]. Cambridge University Press, Cambridge, 1991.

[52] Rohlf F J and Marcus L F. A revolution morphometrics[J]. Trends in Ecology&Evolution, 1993, 8(4): 129-132.

[53] Adams D C, Rohlf F J, Slice D E. Geometric Morphometrics: Ten Years of Progress Following the 'Revolution'[J]. Italian Journal of Zoology, 2004, 71: 5-16.

[54] Neige P, Dommergues J L. Disparity of beaks and statoliths of some coleoids a morphometric approach to depict shape differentiation[J]. Gabhandlungen der Geologischen Bundesanstalt, 2002, 57: 393-399.

[55] Crespi-abril A, Morsan E, Barón P. Analysis of the ontogenetic variation in body and beak shape of the *Illex argentinus* inner shelf spawning groups by geometric morphometrics[J]. Journal of the Marine Biological Association of the United Kingdom, 2010, 90: 547-553.

[56] 许嘉锦. Octopus 与 Cistpous 属章鱼口器地标点之几何形态学研究[D]. 台北：中山大学海洋生物研究所, 2003.

[57] Chen J, Huang D, Bottjer D J. An Early Cambrian problematic fossil: Vetustovermis and its possible affinities[J]. Proceedings of the Royal Society B: Biological Sciences, 2005, 272(1576): 2003-2007.

[58] Kröger B, Servais T, Zhang Y. The origin and initial rise of pelagic cephalopods in the Ordovician[J]. PloS one, 2009, 4(9): e7262.

[59] Mapes R H. Upper Paleozoic cephalopod mandibles: frequency of occurrence, modes of preservation, and paleoecological implications[J]. Journal of Paleontology, 1987: 521-538.

[60] Saunders W B, Spinosa C, Teichert C, et al. The jaw apparatus of Recent Nautilus and its palaeontological implications[J]. Palaeontology, 1978, 21(1): 129-141.

[61] Riegraf W, Moosleitner G. Barremian rhyncholites (Lower Cretaceous Ammonoidea: calcified upper jaws) from the Serre de Bleyton (Département Drôme, SE France)[J]. Annalen des Naturhistorischen Museums in Wien, Serie A, 2010, 112: 627-658.

[62] Nixon M. The Buccal Mass of Fossil and Recent Cephalopoda[M]. - In: Clarke, M. R. & True-man, E. R. (eds): The Mollusca. Vol. 12. Paleontology and neontology of CephalopodsSan Diego, New York, Berkeley, Academic Press, 1998: 103-122.

[63] Komarov V N. New data on the structure of the rhyncholites Hadrocheilus (H.) optivus Shiman-sky and H. (H.) fissum Shimansky[J]. Paleontological Journal, 2001, 35(5): 485-490.

[64] Weaver P G, Ciampaglio C N, Sadorf E M. Rhyncholites and conchorhynch (calcified nautiloid beaks) from the Eocene (Lutetian/Priabonian) Castle Hayne Formation, Southeastern North Carolina[J]. Neues Jahrbuch für Geologie und Paläontologie-Abhandlungen, 2012, 264(1): 61-75.

[65] Dagys A S, Lehmann U, Bandel K, et al. The jaw apparati of ectocochleate cephalopods[J]. Paläontologische Zeitschrift, 1989, 63(1-2): 41-53.

[66] 赵金科, 梁希洛, 邹西平, 等. 中国的头足类化石[M]. 北京: 科学出版社, 1965: 9-10.

[67] Zakharov Y D, Lominadze T A. New data on the jaw apparatus of fossil cephalopods[J]. Lethaia, 1983, 16(1): 67-78.

[68] 柳祖汉. 湖南涟源发现的新类型的头足类口盖化石[J]. 湘潭矿业学院学报, 1991, 6(1): 33-37.

[69] Tanabe K, Hikida Y, Iba Y. Two coleoid jaws from the Upper Cretaceous of Hokkaido, Japan[J]. Journal of Paleontology, 2006, 80(1): 138-145.

[70] Klug C, Schweigert G, Fuchs D, et al. First record of a belemnite preserved with beaks, arms and ink sac from the Nusplingen Lithographic Limestone (Kimmeridgian, SW Germany)[J]. Lethaia, 2010, 43

(4): 445-456.

[71] Tanabe K. Comparative morphology of modern and fossil coleoid jaw apparatuses[J]. Neues Jahrbuch für Geologie und Paläontologie-Abhandlungen, 2012, 266(1): 9-18.

[72] Tanabe K. The jaw apparatuses of Cretaceous desmoceratid ammonites[J]. Palaeontology, 1983, 26(3): 677-686.

[73] Arkhipkin A I, Laptikhovsky V V. Impact of ocean acidification on plankton larvae as a cause of mass extinctions in ammonites and belemnites [J]. Neues Jahrbuch für Geologie und Paläontologie-Abhandlungen, 2012, 266(1): 39-50.

[74] Ponder W F, Lindberg D R. Phylogeny and evolution of the Mollusca[M]. University of California Press, 2008.

[75] Lehmann U. Ammonoideen[M]. Stuttgart (Enke), 1990: 257.

[76] Tanabe K, Landman N H. Morphological diversity of the jaws of Cretaceous Ammonoidea[M]. - In: Summesberger H, Histon K, Daurer A. , eds. Cephalopods - Present and Past. - Abhandlungen der Geologischen Bundesanstalt, 2002, 57: 157-165.

[77] Boletzky S. Origin of the lower jaw in cephalopods: a biting issue[J]. Paläontologische Zeitschrift, 2007, 81(3): 328-333.

[78] Wakabayashi T, Tsuchiya K, Segawa S. Morphological changes with growth in the paralarvae of the diamondback squid *Thysanoteuthis rhombus* Troschel, 1857[J]. Phuket Marine Biological Center Research Bulletin, 2005, 66: 167-174.

[79] Kröger B, Vinther J, Fuchs D. Cephalopod origin and evolution: a congruent picture emerging from fossils, development and molecules[J]. Bioessays, 2011, 33(8): 602-613.

[80] Dilly P N, Nixon M. The cells that secrete the beaks in octopods and squids (Mollusca: Cephalopoda) [J]. Cell and Tissue Research, 1976, 167(2): 229-241.

[81] Nixon M. Growth of the beak and radula of *Octopus vulgaris* [J]. Journal of Zoology, 1969, 159: 363-379.

[82] Miserez A, Li Y L, Waite J H, et al. Jumbo squid beaks: inspiration for design of robust organic composites[J]. Acta Biomaterialia, 2007, 3: 139-149.

[83] Wolff G A. Identification and estimation of size from the beaks of 18 species of cephalopods from the Pacific Ocean[R]. NOAA Technical Report NMFS, 1984, 17: 50.

[84] Castro J J, Hernández-García V. Ontogenetic changes in mouth structures, foraging behavior and habitat use of *Scomber japonicus* and *Illex coindetii*[J]. Scientia Marina, 1995, 5(3-4): 347-355.

[85] Sanchez P. Régimen alimentario de *Illex coindetii* (Verany, 1837) en el mar Catalán[J]. Inv. Pesq. 1982, 46(3): 443-449.

[86] Hernández-García V, Piatkowski U, Clarke M R. Development of the darkening of the *Todarodes sagittatus* beaks and its relation to growth and reproduction[J]. South Africa Journal of Marine Science, 1998, 20: 363-37.

[87] Hernández-García V. Growth and pigmentation process of the beaks of *Todaropsis eblanae* (Cephalopoda: Ommastrephidae)[J]. Berliner Paläobiol. Abh, Berlin, 2003, 03: 131-140.

[88] Hernández-García V. Reproductive biology of *Illex coindetii* and *Todaropsis eblanae* (Cephalopoda, Ommastrephidae) off Northwest Africa (4°−35° N) [J]. Bulletin of Marine Science, 2002, 71: 347-366.

[89] Miserez A, Schneberk T, Sun C, et al. The transition from stiff to compliant materials in squid beaks

[J]. Science, 2008, 319: 1816-1819.

[90]Miserez A, Rubin D, Waite J H. Cross-linking chemistry of squid beak [J]. The Journal of biological chemistry, 2010, 285(49): 38115-38124.

[91]陈新军. 渔业资源与渔场学[M]. 北京: 海洋出版社, 2004: 27-28.

[92]Neige P. Morphometrics of hard structures in cuttlefish[J]. Vie et Milieu - Life & Environment, 2006, 56 (2): 121-127.

[93]Naef A. Die Cephalopoden[J]. Fauna u Flora Neapel, 1923, 1: 1-863.

[94]Iverson I L K, Pinkas L. A pictorial guide to beaks of certain eastern Pacific cephalopods[J]. Fish Bulletin, 1971, 152: 83-105.

[95]Wolff G A. A beak key for eight eastern tropical Pacific cephalopods species, with relationship between their beak dimension and size. Fishery bulletin United States[J]. National Marine Fisheries Service, 1982, 80(2): 357-370.

[96]Clarke M R. A handbook for the identification of cephalopod beaks[M]. Clarendon Press, Oxford, 1986: 273.

[97]Smale M J, Clarke M R, Klages N T W, et al. Octopod beak identification - resolution at a regional level (Cephalopoda, Octopoda: southern Africa) [J]. South African Journal of Marine Science, 1993, 13(1): 269-293.

[98]Ogden R S, Allcock A L, Wats P C, et al. The role of beak shape in octopodid taxonomy[J]. South African Journal of Marine Science, 1998, 20(1): 29-36.

[99]Lu C C, Ickeringill R. Cephalopod beak identification and biomass estimation techniques: tools for dietary studies of southern Australian finfishes[M]. Museum Victoria, 2002, 6: 1-65.

[100]Kubodera T. 2005. Manual for the identification of cephalopod beaks in the northwest Pacific [EB/OL]. [http: //research. kahaku. go. jp/zoology/Beak-E/index. htm]. Revisado: 2013-1-1.

[101]Xavier J, Cherel Y. Cephalopod beak guide for the Southern Ocean [M]. British Antarctic Survey, 2009: 126.

[102]Byern J V, Klepal W. Re-Evaluation of taxonomic characters of idiosepius (Cephalopoda, Mollusca) [J]. Malacologia, 2010, 52(1): 43-65.

[103] Nesis K. Cephalopods of the world. Translated from Russian by B. S. Levitov V. A. A. P. Copyright Agency of the USSR for Light and Food Industry Publishing House; Moscow, T. H. F Publication Inc Ltd. English Translation, 1987, 351.

[104]Vega M A. Uso de la morfometría de las mandíbulas de cefalópodos en estudios de contenido estomacal [J]. Latin American Journal of Aquatic Resource. 2011, 39(3): 600-606.

[105]Wolff G A, Wormuth J H. Biometric separation of the beaks of two morphologically similar species of the squid family Ommastrephidae[J]. Bulletin of Marine Science, 1979, 29(4): 587-592.

[106]Pineda S E, Aubone A, Brunetti N E. Identificación y morfometría comparada de las mandíbulas de *Loligo gahi y Loligo sanpaulensis* (Cephalopoda, Loliginidae) del Atlántico Sudoccidental[J]. Rev. Invest. Des. Pesq, 1996, 10: 85-99.

[107]Martínez P, Sanjuan A, Guerra A. Identification of *Illex coindetii*, *I. illecebrosus* and *I. argentinus* (Cephalopoda: Ommastrephidae) throughout the Atlantic Ocean, by body and beak characters[J]. Marine Biology, 2002, 141: 131-143.

[108]Chen X J, Lu H J, Liu B L, et al. Species identification of *Ommastrephes bartramii*, *Dosidicus gigas*, *Sthenoteuthis oualaniensis* and *Illex argentinus* (Ommastrephidae) using beak morphological variables

[J]. Scientia Marina, 2012, 76 (3): 473-481.

[109] Mercer M C, Misra R K, Hurley G V. Sex determination of the ommastrephid squid *Illex illecebrosus* using beak morphometries [J]. Canadian Journal of Fisheries and Aquatic Sciences, 1980, 37 (2): 283-286.

[110] Pierce G J, Thorpe R S, Hastie L C, et al. Geographic variation in *Loligo forbesi* in the Northeast Atlantic Ocean: analysis of morphometric data and tests of causal hypotheses[J]. Marine Biology, 1994, 119(4): 541-547.

[111] Jackson G D. The use of beaks as tools for biomass estimation in the deepwater squid *Moroteuthis ingens* (Cephalopoda: Onychoteuthidae) in New Zealand waters[J]. Polar Biology, 1995, 15: 9-14.

[112] Jackson G D, Buxton N G, George M J A. Beak length analysis of *Moroteuthis ingens* (Cephalopoda: Onychoteuthidae) from the Falkland Islands region of the Patagonian shelf[J]. Journal of the Marine Biological Association of the United Kingdom, 1997, 77 (4): 1235-1238.

[113] Bolstad K S. Sexual dimorphism in the beaks of *Moroteuthis ingens* Smith, 1881 (Cephalopoda: Oegopsida: Onychoteuthidae)[J]. New Zealand Journal of Zoology, 2006, 33(4): 317-327.

[114] Ivanovic M L, Brunetti N E. Description of *Illex argentinus* beaks and rostral length relationships with size and weight of squids[J]. Revista de investigacion y Desarrollo Pesquero, 1997, 11: 135-144.

[115] Gröger J, Piatkowski U, Heinemann H. Beak length analysis of the Southern Ocean squid *Psychroteuthis glacialis* (Cephalopoda: Psychroteuthidae) and its use for size and biomass estimation [J]. Polar Biology, 2000, 23: 70-74.

[116] Lefkaditou E, Bekas P. Analysis of beak morphometry of the horned octopus *Eledone cirrhosa* (Cephalopoda: Octopoda) in the Thracian Sea (NE Mediterranean) [J]. Mediterranean Marine Science, 2004, 5(1): 143-149.

[117] 杨林林,姜亚洲,刘尊雷,等. 东海火枪乌贼角质颚的形态特征[J]. 中国水产科学, 2012, 04: 586-593.

[118] 杨林林,姜亚洲,刘尊雷,等. 东海太平洋褶柔鱼角质颚的形态学分析[J]. 中国海洋大学学报(自然科学版), 2012, 10: 51-57.

[119] 王晓华. 金乌贼角质颚、内壳与生长的关系及染色体研究[D]. 青岛: 中国海洋大学硕士学位论文, 2012.

[120] Young J Z. The statocysts of *Octopus vulgaris*[J]. Proc Roy Soc B, 1960, 152: 3-29.

[121] Lipinski M. The information concerning current research upon ageing procedure of squids[J]. ICNAF Working Paper, 1979, 40: 4.

[122] Arkhipikn A I. Statolith as 'black boxes' (life recorders) in squid[J]. Marine and Freshwater Research, 2005, 56: 573-583.

[123] Choe S. Daily age markings on the shell of cuttlefish[J]. Nature, 1963, 197: 306-307.

[124] Bizikov V A. A new method of squid age determination using the gladius. In: Jereb P, Ragonese S, Von Boletzky S (Eds) Squid age determination using statoliths. Proceedings of the International Workshop held in the Istituto di Tecnologia della Pescae del Pescato, Vol Spec Publ No 1. Note techniche e Reprints dell' Istituto di Technologia della Pescae del Pescato, Via Luigi Vaecara, 61-91026-Mazara del Vallo (TP), Italy, 1991: 39-52.

[125] Clarke M R. "Growth Rings" in the beaks of the squid *Moroteuthis ingens* (Oegopsida: Onychoteuthidae) [J]. Malacologia, 1965, 3 (2): 287-307.

[126] Wentworth S L, Muntz W R A. Development of the eye and optic lobe of Octopus[J]. Journal of

Zoology, 1992, 227(4): 673-684.

[127]Raya C P, Hernández-González C L. Growth lines within the beak microstructure of the octopus *Octopus vulgaris* Cuvier, 1797[J]. South African Journal of Marine Science, 1998, 20(1): 135-142.

[128]Hernández-López J L, Castro-Hernández J J, Hernández-García V. Age determined from the daily deposition of concentric rings on common octopus (*Octopus vulgaris*) beaks[J]. Fishery Bulletin-National Oceanic and Atmospheric Administration, 2001, 99(4): 679-684.

[129]Raya C P, Bartolomé A, García-Santamaría M T, et al. Age estimation obtained from analysis of octopus (*Octopus vulgaris* Cuvier, 1797) beaks: improvements and comparisons [J]. Fisheries Research, 2010, 106(2): 171-176.

[130]Canali E, Ponte G, Belcari P, et al. Evaluating age in *Octopus vulgaris*: estimation, validation and seasonal differences[J]. Marine Ecology Progress Series, 2011, 441: 141-149.

[131]Jackson G D. The use of statolith microstructures to analyze life history events in the small tropical cephalopod *Idiosepius pycmaeus*[J]. Fishery Bulletin, 1989, 87: 265-272.

[132]Castanhari G, Tomás A R G, Ribeiro A. Beak increment counts as a tool for growth studies of the common octopus *octopus vulgaris* in Southern Brazil[J]. Boletim Do Instituto De Pesca, 2012, 38(4): 323-331.

[133]Perales-Raya C, Jurado-Ruzafa A, Bartolomé A, et al. Age of spent Octopus vulgaris and stress mark analysis using beaks of wild individuals[J]. Hydrobiologia, 2014, 725(1): 105-114.

[134]Perrin W F, Warner R R, Fiscus C H, et al. Stomach contents of porpoise, Stenella spp., and yellowfin tuna, *Thunnus albacares*, in mixed-species aggregations[J]. Fishery Bulletin, 1973, 71(4): 1077-1091.

[135]Smale M J. Cephalopods as prey. IV. Fishes[J]. Philosophical Transactions of the Royal Society of London. Series B: Biological Sciences, 1996, 351(1343): 1067-1081.

[136]Markaida U, Hochberg F G. Cephalopods in the Diet of Swordfish (*Xiphias gladius*) Caught off the West Coast of Baja California, Mexico [J]. Pacific Science, 2005, 59(1): 25-41.

[137]Clarke M R. Cephalopoda in the diet of sperm whales of the southern hemisphere and their bearing on sperm whale biology[J]. Discovery Reports, 1980, 37: 1-324.

[138]Klages N T W. Cephalopods as prey. II. Seals[J]. Philosophical Transactions of the Royal Society of London. Series B: Biological Sciences, 1996, 351(1343): 1045-1052.

[139]Evans K, Hindell M A. The diet of sperm whales (*Physeter macrocephalus*) in southern Australian waters[J]. ICES Journal of Marine Science: Journal du Conseil, 2004, 61(8): 1313-1329.

[140]Hills S, Fiscus C H. Cephalopod beaks from the stomachs of northern fulmars (*Fulmarus glacialis*) found dead on the Washington coast[J]. The Murrelet, 1988, 15-20.

[141]Croxall J P, Prince P A. Cephalopods as prey. I. Seabirds[J]. Philosophical Transactions of the Royal Society of London. Series B: Biological Sciences, 1996, 351(1343): 1023-1043.

[142]Piatkowski U, Pütz K, Heinemann H. Cephalopod prey of king penguins (*Aptenodytes patagonicus*) breeding at Volunteer Beach, Falkland Islands, during austral winter 1996[J]. Fisheries Research, 2001, 52(1): 79-90.

[143]Xavier J C, Phillips R A, Cherel Y. Cephalopods in marine predator diet assessments: why identifying upper and lower beaks is important[J]. ICES Journal of Marine Science: Journal du Conseil, 2011, 68 (9): 1857-1864.

[144]Fiscus C H. Cephalopod beaks in a cuvier's a whale(*Ziphius cavirostris*) from amchitka island, alaska

[J]. Marine mammal science, 1997, 13(3): 481-486.

[145] Rounick J S, Winterbourn M J. Stable carbon isotopes and carbon flow in ecosystems[J]. BioScience, 1986, 36(3): 171-177.

[146] Post D M. Using stable isotopes to estimate trophic position: models, methods, and assumptions. Ecology, 2002, 83: 703-718.

[147] 李忠义, 金显仕, 庄志猛, 等. 稳定同位素技术在水域生态系统研究中的应用[J]. 生态学报, 2005, 25(11): 3052-3060.

[148] Cherel Y, Hobson K A. Stable isotopes, beaks and predators: a new tool to study the trophic ecology of cephalopods, including giant and colossal squids[J]. Proceeding Research Society of Biology 2005, 272: 1601-1607.

[149] Hobson K A, Cherel Y. Isotopoic reconstruction of marine food webs using cephalopod beaks new insight from captively raised *Sepia officinalis*[J]. Canadian Journal of Zoology, 2006, 84: 766-770.

[150] Ruiz-cooley R I, Markaida U, Gendron D et al. Stable isotopes in jumbo squid (*Dosidicus gigas*) beaks to estimate its trophic position: comparison between stomach contents and stable isotopes[J]. Journal of the Marine Biological Association of the United Kingdom, 2006, 86: 437-445.

[151] Ruiz-cooley R I, Markaida U. Use of stable isotopes to examine foraging ecology of jumbo squid (*Dosidicus gigas*)[R]. The role of squid in open ocean ecosystems, 16-17 November 2006, Hawaii, USA: 62-63.

[152] Cherel Y, Ridoux V, Spitz J, et al. Stable isotopes document the trophic structure of a deep-sea cephalopod assemblage including giant octopod and giant squid[J]. Biology Letters, 2009, 5: 364-367.

[153] Duhamel G, Welsford D C. The Kerguelen Plateau: Marine Ecosystem and Fisheries[M]. Société française d'ichtyologie, 2011: 99-108.

[154] Lipiński M R, Underhill L G. Sexual maturation in squid: quantum or continuum[J]. South African Journal of Marine Science, 1995, 15(1): 207-223.

[155] 唐启义, 冯明光. DPS 数据处理系统-实验设计、统计分析及模型优化[M]. 北京: 科学出版社, 2006: 635-642.

[156] 管于华. 统计学[M]. 北京: 高等教育出版, 2005: 178-182.

[157] 杜荣骞. 生物统计学（第二版）[M]. 北京: 高等教育出版社, 2003: 70-81.

[158] Arbuckle N S M, Wormuth J. Statolith extraction method improvements for use in microchemistry studies with laser ablation inductively coupled plasma mass spectrometry[C]//OCEANS 2011. IEEE, 2011: 1-4.

[159] Chen X J, Li J H, Liu B L, et al. Age, growth and population structure of Jumbo flying squid, *Dosidicus gigas*, off the Costa Rica Dome[J]. J. Mar. Biol. Ass. U. K., 2013, 93: 567-573.

[160] Francis R I C C, Mattlin R H. A possible pitfall in the morphometric application of discriminant analysis: measurement bias[J]. Mar. Biol, 1986, 93(2): 311-313.

[161] Moltschaniwskyj N A. Changes in shape associated with growth in the loliginid squid Photololigo sp.: a morphometric approach[J]. Can. J. Zool, 1995, 73(7): 1335-1343.

[162] Lombarte A, Sanchez P, Morales-Nin B. Intraspecific shape variability in statoliths of three cephalopod species[J]. Vie et Milieu, 1997, I 47: 165-169.

[163] O'Dor R K, Hoar J. A. Does geometry limit squid growth[J]. ICES J. Mar. Sci, 2000, 57(1): 8-14.

[164] Lleonart J, Salat J, Torres G J. Removing allometric effects of body size in morphological analysis[J]. J. Thero. Biol, 2000, 205: 85-93.

[165] Pineda S E, Hernández D R, Brunetti N E, et al. Morphological identification of two Southwest Atlantic Loliginid squids: *Loligo gahi* and *Loligo sanpaulensis*[J]. Rev. Invest. Desarr. Pesq, 2002, 15: 67-84.

[166] Vega M A, Rocha F J, Guerra A, et al. Morphological difference between the Patagonian squid *Loligo gahi* populations from the Pacific and Atlantic Oceans[J]. Bull. Mar. Sci, 2002, 71(2): 903-913.

[167] Rencher A C. Methods of Multivariate Analysis, 2nd edition[M]. New York: John Wiley & Sons, Inc, 2002.

[168] Bower J R, Ichii T. The red flying squid (*Ommastrephes bartramii*): a review of recent research and the fishery in Japan[J]. Fish. Res, 2005, 76(1): 39-55.

[169] Viscosi V, Cardini A. Leaf morphology, taxonomy and geometric morphometrics: a simplified protocol for beginners. PloS one, 2011, 6: e25630.

[170] Neige P, Dommergues J L. Disparity of beaks and statoliths of some coleoids a morphometric approach to depict shape differentiation[J]. Gabh. Der Geol. Bun, 2002, 57: 393-399.

[171] Tanabe K, Misaki A, Ubukata T. Late Cretaceous record of large soft-bodied coleoids based on lower jaw remains from Hokkaido, Japan[J]. Acta Palaeontologica Polonica, 2015, 60: 27-38.

[172] Gunz P, Mitteroecker P. Semilandmarks: a method for quantifying curves and surfaces[J]. Hystrix, the Italian Journal of Mammalogy, 2013, 24: 103-109.

[173] Hernández-García V. Growth and pigmentation process of the beaks of Todaropsis eblanae (Cephalopoda: Ommastrephidae)[J]. Berl Paläobiol. Abh, Berl, 2003, 03: 131-140.

[174] Rohlf F J, Slice D. Extension of the Procrustes method for the optimal superimposition of landmarks [J]. Systematic Zoology, 1990, 39: 40-59.

[175] Bookstein F L. Size and shape spaces for landmark data in two dimensions[J]. Statistical Science, 1986, 1: 181-222.

[176] Klingenberg C P. MorphoJ: an integrated software package for geometric morphometrics[J]. Molecular and Ecological Research, 2011, 11: 353-357.

[177] Dryden I L, Mardia K. V. Statistical shape analysis[M]. West Sussex: Wiley, 1998.

[178] Drake A G, Klingenberg C P. The pace of morphological change: historical transformation of skull shape in St Bernard dogs[J]. Proceedings of the Royal Society of London B, 2008, 275: 71-76.

[179] Adams D C, Nistri A. Ontogenetic convergence and evolution of foot morphology in European cave salamanders (Family: Plethodontidae)[J]. BMC Evolutionary Biology, 2010, 10: 216.

[180] Kelly C D, Folinsbee K E, Adams D C. Jennions M. D. Intraspecific sexual size and shape dimorphism in an Australian freshwater fish differs with respect to a biogeographic barrier and latitude[J]. Evolutionary Biology, 2013, 40: 408-419.

[181] Adams D C, Otárola-Castillo E. Geomorph: an R package for the collection and analysis of geometric morphometric shape data[J]. Methods in Ecology and Evolution, 2013, 4: 393-399.

[182] 方舟, 陈新军, 陆化杰, 等. 阿根廷滑柔鱼两个群体间耳石和角质颚的形态差异[J]. 生态学报, 2012, 32(19): 5986-5997.

[183] Liu B, Fang Z, Chen X J, et al. Spatial variations in beak structure to identify potentially geographic populations of *Dosidicus gigas* in the Eastern Pacific Ocean [J]. Fisheries Research, 2015, 164: 185-192.

[184] Maderbacher M, Baue C R, Herler J, et al. Assessment of traditional versus geometric morphometrics for discriminating populations of the *Tropheus moorii* species complex (Teleostei: Cichlidae), a Lake

Tanganyika model for allopatric speciation[J]. Journal of Zoological Systematics and Evolutionary Research, 2008, 46: 153-161.

[185]Bravi R, Ruffini M, Scalici M. Morphological variation in riverine cyprinids: a geometric morphometric contribution[J]. Italian Journal of Zoology, 2013, 80: 536-546.

[186]Martinez P A, Berbel-Filho W M, Jacobina U P. Is formalin fixation and ethanol preservation able to influence in geometric morphometric analysis? Fishes as a case study[J]. Zoomorphology, 2013, 132: 87-93.

[187]Uchikawa K, Sakai M, Wakabayashi T, et al. The relationship between paralarval feeding and morphological changes in the proboscis and beaks of the neon flying squid *Ommastrephes bartramii*[J]. Fisheries Science, 2009, 75(2): 317-323.

[188] Brunetti N E, Ivanovic M L, Aubone A, et al. Pascual, Reproductive biology of red squid (*Ommastrephes bartramii*) in the Southwest Atlantic[J]. Revista de Investigación y Desarrollo Pesquero, 2006, 18, 5-19.

[189] Arimoto Y, Kawamura A. Characteristics of the fish prey of neon flying squid, *Ommastrephes bartrami*, in the central North Pacific // Report of the 1996 Meeting on Squid Resources, National Research Institute of Far Seas Fisheries, Shimizu, 1998: 70-80.

[190]Parry M. Feeding behavior of two ommastrephid squids *Ommastrephes bartramii* and *Sthenoteuthis oualaniensis* off Hawaii[J]. Marine Ecology Progress Series, 2006, 318: 229-235.

[191]Xue Y, Ren Y, Meng W, et al. Beak measurements of octopus (*Octopus variabilis*) in Jiaozhou Bay and their use in size and biomass estimation[J]. Journal of Ocean University of China, 2013, 12: 469-476.

[192]Ikica Z, Vukovic V, Durovic M, et al. Analysis of beak morphometry of the horned octopus *Eledone cirrhosa*, Lamarck 1798 (Cephalopoda: Octopoda), in the south-eastern Adriatic Sea[J]. Acta Adriatica, 2014, 55: 43-56.

[193]Fang Z, Xu L L, Chen X J, et al. Beak growth pattern of purpleback flying squid *Sthenoteuthis oualaniensis* in the eastern tropical Pacific equatorial waters[J]. Fisheries Science, 2015, 81: 443-452.

[194] Uyeno T A, Kier W M. Electromyography of the buccal musculature of octopus (*Octopus bimaculoides*): a test of the function of the muscle articulation in support and movement[J]. Journal of Experimental Biology, 2007, 210: 118-128.

[195]刘必林, 陈新军, 马金, 等. 头足类耳石[M]. 北京: 科学出版社, 2011.

[196]Dawe E G, Natsukari Y. Light microscopy. In Squid age determination using statoliths. Proceedings of the International Workshop held in the Istituto di Tecnologia della Pesca e del Pescato (ITPP-CNR), Spec. Publ. 1; Mazara del Vallo, Italy, 9-14 October 1989 (P. Jereb, S. Ragonese, and S. von Boletzky, eds.), ITPP, Mazara del Vallo, Italy. 1991. 83-95.

[197]Rodríguez-Domínguez A, Rosas C, Méndez-Loeza I, et al. Validation of growth increments in stylets, beaks and lenses as ageing tools in *Octopus maya*[J]. J. Exp. Mar. Biol. Ecol, 2013, 449: 194-199.

[198]Bárcenas G V, Perales-Raya C, Bartolomé A, et al. Age validation in *Octopus maya* (Voss and Solís, 1966) by counting increments in the beak rostrum sagittal sections of known age individuals[J]. Fish Res, 2014, 152: 93-97.

[199]Akaike H A. new look at the statistical model identification[J]. IEEE Trans Automat Control, 1974, 19: 716-723.

[200]Haddon M. Modeling and Quantitative Methods in Fisheries, 1st edn[M]. Chapman and Hall, New

York, 2001.
[201] Neter J, Kutner M H, Nachtschien J, et al. Applied Linear Statistical models, 4th edn[M]. McGraw-Hill/Irwin, Chicago, 1996.
[202] Burnham K P, Anderson D R. Model Selection and Multimodel Inference: A Practical Information-theoretic Approach, 2nd edn[M]. Springer, New York, 2002: 50-62.
[203] Arkhipkin A I, Shcherbich Z N. Thirty years' progress in age determination of squid using statoliths [J]. J. Mar. Biol. Ass. U. K, 2012, 92: 1389-1398.
[204] Oosthuizen A. A development and management framework for a new *Octopus vulgaris* fishery in South Africa [D]. PhD thesis, Rhodes University, 2003: 183.
[205] Sakai M, Brunetti N, Bower J, et al. Daily growth increments in upper beak of five ommastrephid paralarvae, *Illex argentinus*, *Ommastrephes bartramii*, *Dosidicus gigas*, *Sthenoteuthis oualaniensis*, *Todarodes pacificus*[J]. Squids Resources Research Conference, 2007, 9: 1-7.
[206] Iglesias J, Fuentes L, Villanueva R. Cephalopod Culture[M]. Springer Press, 2014: 493.
[207] Bigelow K A, Landgraph K C. Hatch Dates and Growth of *Ommastrephes bartramii* Paralarvae From Hawaiian Waters as Determined from Statolith Analysis. In Recent advances in Cephalopod fisheries biology (T. Okutani, R. K. O' Dor, and T. Kubodera, eds.)[M]. Tokyo: Tokai Vniv Press, 1993: 15-24.
[208] 陈新军, 马金, 刘必林, 等. 基于耳石微结构的西北太平洋柔鱼群体结构、年龄与生长的研究[J]. 水产学报, 2011, 123(31): 420.
[209] Uyeno T A, Kier W M. Functional morphology of the cephalopod buccal mass: a novel joint type[J]. Journal of morphology, 2005, 264(2): 211-222.
[210] Hijmans R J. geosphere: Spherical Trigonometry. R package version 1. 3-11. 2014. http: //CRAN. R-project. org/package=geosphere.
[211] Argüelles J, Lorrain A, Cherel Y, et al. Tracking habitat and resource use for the jumbo squid *Dosidicus gigas*: a stable isotope analysis in the Northern Humboldt Current System[J]. Marine biology, 2012, 159(9): 2105-2116.
[212] Wood S. Generalized additive models: an introduction with R. 2006. CRC press.
[213] Mori J, Kubodera T, Baba N. Squid in the diet of northern fur seals, *Callorhinus ursinus*, caught in the western and central North Pacific Ocean[J]. Fish Res, 2001, 52: 91-98.
[214] Kear A J. Morphology and function of the mandibular muscles in some coleoid cephalopods[J]. J Mar Biol Ass UK, 1994, 74: 801-822.
[215] Franco-Santos R M, Iglesias J, Domingues P M, et al. Early beak development in *Argonauta Nodosa* and *Octopus Vulgaris* (Cephalopoda: Incirrata) paralarvae suggests adaptation to different feeding mechanisms[J]. Hydrobiologia, 2014, 725: 69-83.
[216] Pecl G T, Moltschaniwskyj N A, Tracey S R, et al. Inter-annual plasticity of squid life history and population structure: ecological and management implications[J]. Oecologia, 2004, 139, 515-524.
[217] Sandoval-Castellanos E, Uribe-Alcocer M, Díaz-Jaimes P. Population genetic structure of the Humboldt squid (*Dosidicus gigas* d'Orbigny, 1835) inferred by mitochondrial DNA analysis[J]. J. Exp. Mar. Biol. Ecol, 2010, 385: 73-78.
[218] Crespi-Abril A C, Baron P J. Revision of the population structuring of *Illex argentinus* (Castellanos, 1960) and a new interpretation based on modelling the spatio-temporal environmental suitability for spawning and nursery [J]. Fish. Oceano, 2012, 21: 199-214.

[219] Liu B L, Chen X J, Yi Q. A comparison of fishery biology of jumbo flying squid, *Dosidicus gigas* outside three Exclusive Economic Zones in the Eastern Pacific Ocean[J]. Chin. J. Oceanol. Limnol, 2013, 31: 523-533.

[220] Arbuckle N S M, Wormuth J H. Trace elemental patterns in Humboldt squid statoliths from three geographic regions[J]. Hydrobiologia, 2014, 725: 115-123.

[221] Takahashi M, Watanabe Y, Kinoshita T, et al. Growth of larval and early juvenile Japanese anchovy, *Engraulis japonicus*, in the Kuroshio-Oyashio transition region[J]. Fish. Oceano, 2001, 10: 235-247.

[222] Rau G H, Sweeney R E, Kaplan I R. Plankton $^{13}C/^{12}C$ ratio changes with latitude: Differences between northern and southern oceans[J]. Deep-Sea. Res. 1982, 29: 1035-1039.

[223] Takai N, Onaka S, Ikeda Y, et al. Geographical variations in carbon and nitrogen stable isotope ratios in squid[J]. J. Mar. Biol. Ass. U. K, 2000, 80: 675-684.

[224] Seki M P, Polovina J J, Kobayashi D R, et al. An oceanographic characterization of swordfish (*Xiphias gladius*) longline fishing grounds in the springtime subtropical North Pacific[J]. Fish. Oceano, 2002, 11: 251-266.

[225] Wada E, Hattori A. Nitrogen in the sea: forms, abundance, and rate processes. 1990. CRC press.

[226] Petersen B J, Fry B. Stable isotopes in ecosystem studies[J]. Annu. Rev. Ecol. Syst. 1987, 18: 293-320.

[227] 刘必林. 东太平洋茎柔鱼生活史过程的研究[D]. 上海: 上海海洋大学博士学位论文, 2012.

[228] Hu Z, Gao S, Liu Y, et al. Signal enhancement in laser ablation ICP-MS by addition of nitrogen in the central channel gas[J]. Journal of Analytical Atomic Spectrometry, 2008, 23(8): 1093-1101.

[229] Liu Y, Hu Z, Gao S, et al. In situ analysis of major and trace elements of anhydrous minerals by LA-ICP-MS without applying an internal standard[J]. Chemical Geology, 2008, 257(1): 34-43.

[230] Arkhipkin A I, Campana S E, FitzGerald J, et al. Spatial and temporal variation in elemental signatures of statoliths from the Patagonian longfin squid (*Loligo gahi*)[J]. Canadian Journal of Fisheries and Aquatic Sciences, 2004, 61(7): 1212-1224.

[231] Zumholz K, Hansteen T H, Piatkowski U, et al. Influence of temperature and salinity on the trace element incorporation into statoliths of the common cuttlefish (*Sepia officinalis*)[J]. Marine Biology, 2007, 151(4): 1321-1330.

[232] Rodríguez-Navarro A, Guerra A, Romanek C S, et al., Life history of the giant squid Architeuthis as revealed from stable isotope and trace elements signatures recorded in its beak. In: (Moltschaniwskyj N et al., Eds) Cephalopod life cycle, Cephalopod International Advisory Council Symposium 2006 (CIAC '06). 6-10 February 2006, Hotel Grand Cha ncellor, Hobart, Tasmania, 2006: 97.

[233] Zumholz K. The Influence of Environmental Factors on the Micro-chemical Composition of Cephalopod Statoliths[D]. PhD Thesis. Kiel, Germany: University of Kiel, 2005.

[234] Arslan Z L, Secor D H. High resolution micromill sampling for analysis of fish otoliths by ICP-MS: effects of sampling and specimen preparation on trace element fingerprints[J]. Mar Environ Res, 2008, 66(3): 364-71.

[235] Daverat F, Tapie N, Quiniou L, et al. Otolith microchemistry interrogation of comparative contamination by Cd, Cu and PCBs of eel and flounder, in a large SW France catchment[J]. Estuarine, Coastal and Shelf Science, 2011, 92(3): 332-338.

[236] Bustamante P, Teyssié J L, Fowler S, et al. Biokinetics of cadmium and zinc accumulation and

depuration at different stages in the life cycle of the cuttlefish *Sepia officinalis*[J]. Marine Ecology Progress Series, 2002, 231: 167-177.

[237] Roper C E F, Young R E. Vertical Distribution of Pelagic Cephalopods. Smithsonian Contributions to Zoology, no. 209. Smithsonian Institution Press, Washington, DC, 1975: 1-51.

[238] O'Dor R K. Big squid in big currents[J]. South African Journal of Marine Science, 1992, 22: 225-235.

[239] Semmens J M, Pecl G T, Gillanders B M, et al. Approaches to resolving cephalopod movement and migration patterns[J]. Reviews in Fish Biology and Fisheries, 2007, 17(2-3): 401-423.

[240] Ikeda Y, Arai N, Sakamoto W, et al. Preliminary report on PIXE analysis for trace elements of *Octopus dofleini* statoliths[J]. Fisheries science, 1999, 65(1): 161-162.

[241] Vijai D, Sakai M, Wakabayashi T, et al. Effects of temperature on embryonic development and paralarval behavior of the neon flying squid *Ommastrephes bartramii*[J]. Marine Ecology Progress Series, 2015, 529: 145-158.

[242] Alabia I D, Saitoh S I, Mugo R, et al. Seasonal potential fishing ground prediction of neon flying squid (*Ommastrephes bartramii*) in the western and central North Pacific[J]. Fisheries Oceanography, 2015, 24(2): 190-203.

[243] Nishikawa H, Toyoda T, Masuda S, et al. Wind-induced stock variation of the neon flying squid (*Ommastrephes bartramii*) winter-spring cohort in the subtropical North Pacific Ocean[J]. Fisheries Oceanography, 2015, 24(3): 229-241.

[244] Van Der Vyver J S F, Sauer W H H, McKeown N J, et al. Phenotypic divergence despite high gene flow in chokka squid *Loligo reynaudii* (Cephalopoda: Loliginidae): implications for fishery management[J]. Journal of the Marine Biological Association of the United Kingdom, 2015, 12: 1-19.

附　　录

附录1　利用maps和ggplot2绘制站点图

（Mac环境下运行）
```
# load the relevant packages (加载相关程序包)
library(sp)
library(maps)
library(mapdata)
library(maptools)
library(ggplot2)
library(grid)
# set the working directory and read the world borders shape file
# (设定路径并载入世界地图数据)
setwd("~/Desktop/Marine Ecology Progress Series/Data")
worldmap <- readShapeSpatial("world_borders.shp")
# reconstruct the shape file (重新整合地图数据)
worldmap <- fortify(worldmap)
worldmap = within(worldmap, {
    long = ifelse(long < 0, long + 360, long)
    long = ifelse((long < 1) | (long>359), NA, long)
})
colnames(worldmap)[1] <- "lon"
# create a limit area for the map (创建一个范围)
latlimits <- c(25, 50)
longlimits <- c(135, 190)
# read the sample station dataset (读取站点图数据,创建三个长方形)
sample = read.csv("lat and long new.csv", header = T)
# plot the basic map (创建基本地图,)
p <- ggplot() +
```

```
            geom_polygon(aes(x = lon, y = lat, group=group), fill = "grey",
data=worldmap) +
            geom_path(aes(x = lon, y = lat, group=group), color = "grey40",
data=worldmap) +
            geom_point(aes(x=LON_360, y=LAT, shape = factor(STOCK),
group=STOCK), size=4, data=sample) +
            scale_shape_manual(values = c(17, 19), limits = c("Eastern", "
Western")) +
            theme(panel.background = element_blank(),
                panel.grid.major = element_line(colour = "grey90"),
                panel.grid.minor = element_blank(),
                legend.title=element_blank(),
                legend.text=element_text(size=15),
                legend.key=element_blank(),
                legend.justification=c(1,0),
                legend.position=c(1,0),
                axis.ticks = element_blank(),
                axis.text.x = element_text (size = 14, vjust = 0),
                axis.text.y = element_text (size = 14, hjust = 1.3),
                panel.border = element_rect(colour = "black", fill=NA, size=
1),
                plot.margin=unit(c(1,1,0,0),"cm")) +
        coord_cartesian(xlim = longlimits, ylim = latlimits) +
        scale_y_continuous(breaks=seq(25,50,5), labels = c("25°N", "30°
N", "35°N", "40°N", "45°N", "50°N")) +
        scale_x_continuous(breaks=seq(140,190,10), labels = c("140°E", "
150°E" ,"160°E", "170°E", "180°", "170°W")) +
            labs(y="",x="") +
            geom_segment(aes(x = 148, y = 47, xend = 150, yend = 46),
arrow = arrow(length = unit(0.5, "cm")), data=worldmap) +
            geom_segment(aes(x = 170, y = 43, xend = 170, yend = 50),
linetype = "longdash") +
            geom_segment(aes(x = 170, y = 37.5, xend = 170, yend = 42),
linetype = "longdash") +
            geom_segment(aes(x = 170, y = 32, xend = 170, yend = 36.5),
```

```
linetype = "longdash") +
    geom_segment(aes(x = 170, y = 25, xend = 170, yend = 31),
linetype = "longdash")
# add the annotation for different areas（添加不同海域的标注）
p1 = p +
    annotate("text", x = 170, y = 31.5, label = "Subtropical frontal zone (STFZ)") +
    annotate("text", x = 168, y = 37, label = "Transition zone (TZ)") +
    annotate("text", x = 170, y = 42.5, label = "Subarctic frontal zone (SAFZ)")
# create three rectangles（创建三个海域范围）
p2 = p1 + annotate("rect", xmin=145, xmax=190, ymin=29, ymax=33.8, alpha = 0.1) +
    annotate("rect", xmin = 145, xmax = 190, ymin = 34, ymax = 39.8, alpha = 0.1) +
    annotate("rect", xmin=150, xmax=190, ymin=40, ymax=45, alpha = 0.1)
# add the location of annotation（添加对应"日本"和"北方群岛"的标注）
p3 = p2 + annotate("text", x = 139, y = 36.5, label = "Japan") +
    annotate("text", x = 148, y = 47.5, label = "Kuril Island")
# add the scale bar and north arrow（添加比例尺和向北标志）
p4 = p3 + scaleBar(lon = 183, lat = 46.5, distanceLon = 200, distanceLat = 20, distanceLegend = 80, dist.unit = "km", orientation = TRUE)
# save the picture
ggsave("new11.jpeg", width=968, height=597, dpi=72, unit="mm")
```

附录 2　利用 geomorph 包分析不同群体和性别角质颚形态差异

(Mac 环境下运行,以下代码仅适用于 geomorph v2.1.5 及以下版本)
＃＃加载"geomorph"包
library(geomorph)
＃＃ digitized landmarks (用 digitized2d 对图片进行地标点读取)
filelist = list.files(pattern = " * .JPG")
digitize2d(filelist, nlandmarks=20, scale=1, tpsfile = "lower beak.tps", verbose =TRUE)
＃＃ upper beak data for stock (不同群体上颚地标点读取)
setwd(" ~/Desktop/neon flying squid beak landmark/analysis data/beak pictures/upper beak")
upplm <— readland.tps("upper beak.tps", specID = "ID")
＃＃ for sex(不同性别上颚地标点读取)
upplm_sex <— readland.tps("upper beak sex.tps", specID = "ID")
＃define.sliders(upplm[,,1], nsliders=12) (设定 12 个半地标点)
curves_upp <— as.matrix(read.csv("curveslide_upp.csv", header=T))
＃不同群体和性别上颚形态普氏分析
uppgp_sl <— gpagen(upplm, curves = curves_upp, ShowPlot = T, PrinAxes = T)
uppgp_sl_sex <— gpagen(upplm_sex, curves = curves_upp, ShowPlot = T, PrinAxes = T)

＃ extract the classifiers from names of speciemens (从图片名中提取出样本名)
categories = strsplit(dimnames(upplm)[[3]], "_")
classifiers = matrix(unlist(categories), ncol=4, byrow=T)
classifiers = cbind(dimnames(upplm)[[3]], classifiers)
colnames(classifiers) = c("fileID", "stock", "ID", "sex", "PS")
classifiers = as.data.frame(classifiers)
write.csv(classifiers, "classifiers1.csv")

＃＃ classifiers for stocks and sex (读取分类文件)

```
gp = read.csv("classifiers.csv", header = T)
gp_sex = read.csv("classifiers sex.csv", header = T)

# PCA analysis for upper beak（不同群体和性别上颚的主成分分析）
upp.pca.sl <- plotTangentSpace(uppgp_sl$coords, label = NULL, group=gp$stock, verbose = T)
# write.csv(upp.pca.sl$pc.scores, "upper stock score.csv")
upp.pca.sl_sex <- plotTangentSpace(uppgp_sl_sex$coords, label = NULL, group=gp_sex$sex, verbose = T)
write.csv(upp.pca.sl_sex$pc.scores, "upper sex score.csv")

# compare stock difference（比较不同群体上颚的差异,MANCOVA）
upp.2d_sl <- two.d.array(uppgp_sl$coords)
procD.lm(upp.2d_sl~uppgp_sl$Csize * classifiers$stock * classifiers$PS_STOCK, RRPP=T)

# compare sex difference（比较不同性别上颚的差异,MANCOVA）
upp.2d_ws_slu <- two.d.array(uppgp_sl_sex$coords)
procD.lm(upp.2d_ws_slu ~ uppgp_sl_sex$Csize * gp_sex$sex * gp_sex$PS, RRPP=T)

# regression score and predict line（计算回归值和预测值）
pal_rs_upp_sl<-plotAllometry(uppgp_sl$coords~uppgp_sl$Csize, f2=~pregp, method="RegScore", verbose = T)
pal_pl_upp_sl<-plotAllometry(uppgp_sl$coords~uppgp_sl$Csize, f2=~pregp, method="PredLine", verbose = T)
rsupp_sl <- cbind(pal_rs_upp_sl$allom.score, pal_rs_upp_sl$logSize)
rsupp_sl <- cbind(rsupp_sl, classifiers$stock)
colnames(rsupp_sl) <- c("all_s", "log_s", "group")
plupp_sl <- cbind(pal_pl_upp_sl$allom.score, pal_pl_upp_sl$logSize)
plupp_sl <- cbind(plupp_sl, classifiers$stock)
colnames(plupp_sl) <- c("all_s", "log_s", "group")
# save as csv file of regression and log centroid size（保存为 csv 文件）
write.csv(rsupp_sl, "upp_sl_regscore new.csv")
write.csv(plupp_sl, "upp_sl_predline new.csv")
```

# lower beak data for stock（不同群体下颚地标点读取）
setwd("~/Desktop/neon flying squid beak landmark/analysis data/beak pictures/lower beak")
lowlm <- readland.tps("lower beak.tps", specID = "ID")
# for sex（不同性别下颚地标点读取）
lowlm_sex <- readland.tps("lower beak sex.tps", specID = "ID")
#define.sliders(lowlm[,,1], nsliders=11)
curves_low <- as.matrix(read.csv("curveslide_low.csv", header=T))
#lowlinks <- define.links(lowlm[,,1])
#不同群体和性别下颚形态普氏分析
lowgp_sl <- gpagen(lowlm, curves = curves_low, ShowPlot = T, PrinAxes = T)
lowgp_sl_sex <- gpagen(lowlm_sex, curves = curves_low, ShowPlot = T, PrinAxes = T)

# PCA analysis for lower beak（不同群体和性别下颚的主成分分析）
low.pca.sl <- plotTangentSpace(lowgp_sl$coords, label = NULL, group=gp$stock, verbose = T)
#write.csv(low.pca.sl$pc.scores, "lower stock score.csv")
low.pca.sl_sex <- plotTangentSpace(lowgp_sl_sex$coords, label = NULL, group=gp_sex$sex, verbose = T)
write.csv(low.pca.sl_sex$pc.scores, "lower sex score.csv")

#compare stock difference（比较不同群体下颚的差异，MANCOVA）
low.2d_sl <- two.d.array(lowgp_sl$coords)
procD.lm(low.2d_sl~lowgp_sl$Csize * classifiers$stock * classifiers$PS, RRPP=T)

# compare sex difference（比较不同性别下颚的差异，MANCOVA）
low.2d_ws_sll <- two.d.array(lowgp_sl_sex$coords)
procD.lm(low.2d_ws_sll ~ lowgp_sl_sex$Csize * gp_sex$sex * gp_sex$PS, RRPP=T)

# regression score and predict line（计算回归值和预测值）
pal_rs_low_sl<-plotAllometry(lowgp_sl$coords~lowgp_sl$Csize, f2=~

pregp, method="RegScore", verbose = T)
    pal_pl_low_sl <- plotAllometry(lowgp_sl $ coords~lowgp_sl $ Csize, f2=~
pregp, method="PredLine", verbose = T)
    rslow_sl <- cbind(pal_rs_low_sl $ allom. score, pal_rs_low_sl $ logSize)
    rslow_sl <- cbind(rslow_sl, classifiers $ stock)
    colnames(rslow_sl) <- c("all_s", "log_s", "group")
    pllow_sl <- cbind(pal_pl_low_sl $ allom. score, pal_pl_low_sl $ logSize)
    pllow_sl <- cbind(pllow_sl, classifiers $ stock)
    colnames(pllow_sl) <- c("all_s", "log_s", "group")
    # save as csv file of regression and log centroid size (保存为 csv 文件)
    write. csv(rslow_sl, "low_sl_regscore new. csv")
    write. csv(pllow_sl, "low_sl_predline new. csv")

    # plot stock with ggplot2 (合并相关图)
    library(ggplot2)
    library(grid)
    library(gridExtra)
    setwd(" ~/Desktop/neon flying squid beak landmark/analysis data/beak pictures/plot")
    # plot the stock variation (不同群体的差异)
    read_slc_u <- read. csv("upper stock score. csv", header=T)
    su=ggplot(aes(x = PC1, y = PC2), data = read_slc_u) +
        geom_point(aes(shape = factor(group)), size=5) +
        scale_shape_manual(values=c(1, 19), limits=c("Eastern Stock", "Western Stock")) +
        stat_ellipse(aes(x = PC1, y = PC2, linetype = group))+
        labs (x = paste (" PC1 ", " (", round (upp. pca. sl $ pc. summary $ importance[2,1] * 100, 1), "%)", sep=""),
            y=paste("PC2 ", "(", round(upp. pca. sl $ pc. summary $ importance[2,2] * 100, 1), "%)", sep="")
) +
        theme(panel. grid. minor=element_blank()) +
        theme_bw() +
        theme(legend. position="none",
            axis. text=element_text(size=16),

```
        axis.title.y=element_text(size=18, face="bold", vjust=1.5),
        axis.title.x=element_text(size=18, face="bold", vjust=-1),
        plot.margin=unit(c(1,1,1.2,1),"cm")
  ) +
  annotate("text", x =-0.08, y = 0.07, label = "A", size = 15)

read_slc_l <- read.csv("lower stock score.csv", header=T)
sl=ggplot(aes(x = PC1, y = PC2), data = read_slc_l) +
  geom_point(aes(shape = factor(group)), size=5) +
  scale_shape_manual(values=c(1, 19), limits=c("Eastern Stock", " Western Stock")) +
  stat_ellipse(aes(x = PC1, y = PC2, linetype = group)) +
  labs(x = paste("PC1 ", "(", round(low.pca.sl$pc.summary$importance[2,1]*100, 1), "%)", sep=""),
       y = paste("PC2 ", "(", round(low.pca.sl$pc.summary$importance[2,2]*100, 1), "%)", sep="")
  ) +
  theme(panel.grid.minor=element_blank()) +
  theme_bw() +
  theme(legend.position="none",
        axis.text=element_text(size=16),
        axis.title.y=element_text(size=18, face="bold", vjust=1.5),
        axis.title.x=element_text(size=18, face="bold", vjust=-1),
        plot.margin=unit(c(1,1,1.2,1),"cm")
  ) +
  annotate("text", x =-0.12, y = 0.07, label = "B", size = 15)

su1=ggplot(aes(x = PC3, y = PC4), data = read_slc_u) +
  geom_point(aes(shape = factor(group)), size=5) +
  scale_shape_manual(values=c(1, 19), limits=c("Eastern Stock", " Western Stock")) +
  stat_ellipse(aes(x = PC3, y = PC4, linetype = group))+
  labs(x = paste("PC3 ", "(", round(upp.pca.sl$pc.summary$importance[2,3]*100, 1), "%)", sep=""),
       y = paste("PC4 ", "(", round(upp.pca.sl$pc.summary
```

```
$importance[2,4]*100,1),"%)",sep="")
    ) +
    theme(panel.grid.minor=element_blank()) +
    theme_bw() +
    theme(legend.position="none",
        axis.text=element_text(size=16),
        axis.title.y=element_text(size=18,face="bold",vjust=1.5),
        axis.title.x=element_text(size=18,face="bold",vjust=-1),
        plot.margin=unit(c(1,1,1.2,1),"cm")
    ) +
    annotate("text", x =-0.06, y = 0.06, label = "C", size = 15)

sl1=ggplot(aes(x = PC3, y = PC4), data = read_slc_1) +
    geom_point(aes(shape = factor(group)), size=5) +
    scale_shape_manual(values=c(1, 19), limits=c("Eastern Stock"," Western Stock")) +
    stat_ellipse(aes(x = PC1, y = PC2, linetype = group),level=0.8) +
    labs(x = paste("PC3 ","("," round(low.pca.sl$pc.summary$importance[2,3]*100,1),"%)",sep=""),
        y = paste("PC4 ","("," round(low.pca.sl$pc.summary$importance[2,4]*100,1),"%)",sep="")
    ) +
    theme(panel.grid.minor=element_blank()) +
    theme_bw() +
    theme(legend.position="none",
        axis.text=element_text(size=16),
        axis.title.y=element_text(size=18,face="bold",vjust=1.5),
        axis.title.x=element_text(size=18,face="bold",vjust=-1),
        plot.margin=unit(c(1,1,1.2,1),"cm")
    ) +
    annotate("text", x =-0.07, y = 0.07, label = "D", size = 15)
# combine four pictures together (将四张图放在一张图上)
grid.arrange(su, sl, su1, sl1, ncol = 2, nrow = 2)

# plot the stock regression and predicted value (画出回归值和预测值)
```

```
read_slr_u <- read.csv("upp_sl_regscore new.csv",header=T)
sur=ggplot(aes(x = log_s, y = all_s), data = read_slr_u) +
  geom_point(aes(shape = factor(group)), size=5) +
  scale_shape_manual(values=c(0,1,2,5,6,3,4,15,16,17,18,10)) +
  labs(x = "Log (centroid size)",
       y = "UB Shape (regression)"
  ) +
  theme(panel.grid.minor=element_blank()) +
  theme_bw() +
  theme(legend.position="none",
        axis.text=element_text(size=16),
        axis.title.y=element_text(size=18, face="bold", vjust=1.5),
        axis.title.x=element_text(size=18, face="bold", vjust=-1),
        plot.margin=unit(c(1,1,1.2,1),"cm")
  ) +
  annotate("text", x =0.9, y = 0.046, label = "A", size = 15)

read_slr_l <- read.csv("low_sl_regscore new.csv",header=T)
slr=ggplot(aes(x = log_s, y = all_s), data = read_slr_l) +
  geom_point(aes(shape = factor(group)), size=5) +
  scale_shape_manual(values=c(0,1,2,5,6,3,4,15,16,17,18,10)) +
  labs(x = "Log (centroid size)",
       y = "LB Shape (regression)"
  ) +
  theme(panel.grid.minor=element_blank()) +
  theme_bw() +
  theme(legend.position="none",
        axis.text=element_text(size=16),
        axis.title.y=element_text(size=18, face="bold", vjust=1.5),
        axis.title.x=element_text(size=18, face="bold", vjust=-1),
        plot.margin=unit(c(1,1,1.2,1),"cm")
  ) +
  annotate("text", x = 0.75, y = 0.053, label = "B", size = 15)

read_slp_u <- read.csv("upp_sl_predline new.csv",header=T)
```

```r
sup=ggplot(aes(x = log_s, y = all_s), data = read_slp_u) +
  geom_point(aes(shape = factor(group)), size=5) +
  scale_shape_manual(values=c(0,1,2,5,6,3,4,15,16,17,18,10)) +
  labs(x = "Log (centroid size)",
       y = "UB Shape (predicted)"
  ) +
  theme(panel.grid.minor=element_blank()) +
  theme_bw() +
  theme(legend.position="none",
        axis.text=element_text(size=16),
        axis.title.y=element_text(size=18, face="bold", vjust=1.5),
        axis.title.x=element_text(size=18, face="bold", vjust=-1),
        plot.margin=unit(c(1,1,1.2,1),"cm")
  ) +
  annotate("text", x =0.9, y = 0.03, label = "C", size = 15)

read_slp_l <- read.csv("low_sl_predline new.csv", header=T)
slp=ggplot(aes(x = log_s, y = all_s), data = read_slp_l) +
  geom_point(aes(shape = factor(group)), size=5) +
  scale_shape_manual(values=c(0,1,2,5,6,3,4,15,16,17,18,10)) +
  labs(x = "Log (centroid size)",
       y = "LB Shape (predicted)"
  ) +
  theme(panel.grid.minor=element_blank()) +
  theme_bw() +
  theme(legend.position="none",
        axis.text=element_text(size=16),
        axis.title.y=element_text(size=18, face="bold", vjust=1.5),
        axis.title.x=element_text(size=18, face="bold", vjust=-1),
        plot.margin=unit(c(1,1,1.2,1),"cm")
  ) +
  annotate("text", x = 1.72, y = 0.031, label = "D", size = 15)
# combine four pictures together (将四张图放在一张图上)
grid.arrange(sur, slr, sup, slp, ncol = 2, nrow = 2)
```

```r
# plot sex with ggplot2（不同性别的关系图）
read_sls_u <- read.csv("upper sex score.csv", header=T)
xu=ggplot(aes(x = PC1, y = PC2), data = read_sls_u) +
  geom_point(aes(shape = factor(sex)), size=5) +
  scale_shape_manual(values=c(1, 19), limits=c("Female", "Male")) +
  stat_ellipse(aes(x = PC1, y = PC2, linetype = sex))+
  labs(x = paste("PC1 ", "(", round(upp.pca.sl_sex$pc.summary$importance[2,1]*100, 1), "%)", sep=""),
       y = paste("PC2 ", "(", round(upp.pca.sl_sex$pc.summary$importance[2,2]*100, 1), "%)", sep="")
  ) +
  theme(panel.grid.minor=element_blank()) +
  theme_bw() +
  theme(legend.position="none",
        axis.text=element_text(size=16),
        axis.title.y=element_text(size=18, face="bold", vjust=1.5),
        axis.title.x=element_text(size=18, face="bold", vjust=-1),
        plot.margin=unit(c(1,1,1.2,1),"cm")
  ) +
  annotate("text", x =-0.08, y = 0.07, label = "A", size = 15)

read_sls_l <- read.csv("lower sex score.csv", header=T)
xl=ggplot(aes(x = PC1, y = PC2), data = read_sls_l) +
  geom_point(aes(shape = factor(sex)), size=5) +
  scale_shape_manual(values=c(1, 19), limits=c("Female", "Male")) +
  stat_ellipse(aes(x = PC1, y = PC2, linetype = sex))+
  labs(x = paste("PC1 ", "(", round(low.pca.sl_sex$pc.summary$importance[2,1]*100, 1), "%)", sep=""),
       y = paste("PC2 ", "(", round(low.pca.sl_sex$pc.summary$importance[2,2]*100, 1), "%)", sep="")
  ) +
  theme(panel.grid.minor=element_blank()) +
  theme_bw() +
  theme(legend.position="none",
        axis.text=element_text(size=16),
```

```r
        axis.title.y=element_text(size=18, face="bold", vjust=1.5),
        axis.title.x=element_text(size=18, face="bold", vjust=-1),
        plot.margin=unit(c(1,1,1.2,1),"cm")
  ) +
  annotate("text", x =-0.12, y = 0.077, label = "B", size = 15)

xu1=ggplot(aes(x = PC3, y = PC4), data = read_sls_u) +
  geom_point(aes(shape = factor(sex)), size=5) +
  scale_shape_manual(values=c(1, 19), limits=c("Female", "Male")) +
  stat_ellipse(aes(x = PC3, y = PC4, linetype = sex))+
  labs(x = paste("PC3 ", "(", round(upp.pca.sl_sex$pc.summary$importance[2,3]*100, 1), "%)", sep=""),
       y = paste("PC4 ", "(", round(upp.pca.sl_sex$pc.summary$importance[2,4]*100, 1), "%)", sep="")
  ) +
  theme(panel.grid.minor=element_blank()) +
  theme_bw() +
  theme(legend.position="none",
        axis.text=element_text(size=16),
        axis.title.y=element_text(size=18, face="bold", vjust=1.5),
        axis.title.x=element_text(size=18, face="bold", vjust=-1),
        plot.margin=unit(c(1,1,1.2,1),"cm")
  ) +
  annotate("text", x =-0.05, y = 0.053, label = "C", size = 15)

xl1=ggplot(aes(x = PC3, y = PC4), data = read_sls_l) +
  geom_point(aes(shape = factor(sex)), size=5) +
  scale_shape_manual(values=c(1, 19), limits=c("Female", "Male")) +
  stat_ellipse(aes(x = PC3, y = PC4, linetype = sex))+
  labs(x = paste("PC3 ", "(", round(low.pca.sl_sex$pc.summary$importance[2,3]*100, 1), "%)", sep=""),
       y = paste("PC4 ", "(", round(low.pca.sl_sex$pc.summary$importance[2,4]*100, 1), "%)", sep="")
  ) +
  theme(panel.grid.minor=element_blank()) +
```

```r
    theme_bw() +
    theme(legend.position="none",
          axis.text=element_text(size=16),
          axis.title.y=element_text(size=18,face="bold",vjust=1.5),
          axis.title.x=element_text(size=18,face="bold",vjust=-1),
          plot.margin=unit(c(1,1,1.2,1),"cm")
    ) +
    annotate("text", x =-0.05, y = 0.047, label = "D", size = 15)
# combine four pictures together (将四张图放在一张图上)
grid.arrange(xu, xl, xu1, xl1, ncol = 2, nrow = 2)

# plot sex variation of regression and predict (不同性别回归值和预测值)
read_slrs_u <- read.csv("upp_sl_sex_regscore new.csv", header=T)
xur=ggplot(aes(x = log_s, y = all_s), data = read_slrs_u) +
    geom_point(aes(shape = factor(group)), size=5) +
    scale_shape_manual(values=c(0,1,2,5,6,15,16,17,18,10)) +
    labs(x = "Log (centroid size)",
         y = "UB Shape (regression)"
    ) +
    theme(panel.grid.minor=element_blank()) +
    theme_bw() +
    theme(legend.position="none",
          axis.text=element_text(size=16),
          axis.title.y=element_text(size=18,face="bold",vjust=1.5),
          axis.title.x=element_text(size=18,face="bold",vjust=-1),
          plot.margin=unit(c(1,1,1.2,1),"cm")
    ) +
    annotate("text", x =0.9, y = 0.064, label = "A", size = 15)

read_slrs_l <- read.csv("low_sl_sex_regscore new.csv", header=T)
xlr=ggplot(aes(x = log_s, y = all_s), data = read_slrs_l) +
    geom_point(aes(shape = factor(group)), size=5) +
    scale_shape_manual(values=c(0,1,2,5,6,15,16,17,18,10)) +
    labs(x = "Log (centroid size)",
         y = "LB Shape (regression)"
```

```r
  ) +
  theme(panel.grid.minor=element_blank()) +
  theme_bw() +
  theme(legend.position="none",
        axis.text=element_text(size=16),
        axis.title.y=element_text(size=18, face="bold", vjust=1.5),
        axis.title.x=element_text(size=18, face="bold", vjust=-1),
        plot.margin=unit(c(1,1,1.2,1),"cm")
  ) +
  annotate("text", x = 0.8, y = 0.072, label = "B", size = 15)

read_slps_u <- read.csv("upp_sl_sex_predline new.csv", header=T)
xup=ggplot(aes(x = log_s, y = all_s), data = read_slps_u) +
  geom_point(aes(shape = factor(group)), size=5) +
  scale_shape_manual(values=c(0,1,2,5,6,15,16,17,18,10)) +
  labs(x = "Log (centroid size)",
       y = "UB Shape (predicted)"
  ) +
  theme(panel.grid.minor=element_blank()) +
  theme_bw() +
  theme(legend.position="none",
        axis.text=element_text(size=16),
        axis.title.y=element_text(size=18, face="bold", vjust=1.5),
        axis.title.x=element_text(size=18, face="bold", vjust=-1),
        plot.margin=unit(c(1,1,1.2,1),"cm")
  ) +
  annotate("text", x =0.9, y = 0.03, label = "C", size = 15)

read_slps_l <- read.csv("low_sl_sex_predline new.csv", header=T)
xlp=ggplot(aes(x = log_s, y = all_s), data = read_slps_l) +
  geom_point(aes(shape = factor(group)), size=5) +
  scale_shape_manual(values=c(0,1,2,5,6,15,16,17,18,10)) +
  labs(x = "Log (centroid size)",
       y = "LB Shape (predicted)"
  ) +
```

```
          theme(panel. grid. minor=element_blank()) +
          theme_bw() +
          theme(legend. position="none",
               axis. text=element_text(size=16),
               axis. title. y=element_text(size=18, face="bold", vjust=1.5),
               axis. title. x=element_text(size=18, face="bold", vjust=-1),
               plot. margin=unit(c(1,1,1.2,1),"cm")
         ) +
          annotate("text", x = 0.8, y = 0.038, label = "D", size = 15)
# combine four pictures together （合并四张图）
grid. arrange(xur, xlr, xup, xlp, ncol = 2, nrow = 2)


# plot the deformation grids of different stocks （不同群体上下颚的示意图）
findMeanSpec(uppgp_sl $ coords[,,1:105])
mshape_upp_es <- mshape(uppgp_sl $ coords[,,1:105])
plotRefToTarget(mshape_upp_es, uppgp_sl $ coords[,,46], method ="
TPS", mag=3, links=upplinks, gridPars=GP)

findMeanSpec(uppgp_sl $ coords[,,106:215])
mshape_upp_ws <- mshape(uppgp_sl $ coords[,,106:215])
plotRefToTarget(mshape_upp_ws, uppgp_sl $ coords[,,124], method ="
TPS", mag=3, links=upplinks, gridPars=GP)

findMeanSpec(lowgp_sl $ coords[,,1:105])
mshape_low_es <- mshape(lowgp_sl $ coords[,,1:105])
plotRefToTarget(mshape_low_es, lowgp_sl $ coords[,,24], method ="
TPS", mag=3, links=lowlinks, gridPars=GP)

findMeanSpec(lowgp_sl $ coords[,,106:215])
mshape_low_ws <- mshape(lowgp_sl $ coords[,,106:215])
plotRefToTarget(mshape_low_ws, lowgp_sl $ coords[,,135], method ="
TPS", mag=3, links=lowlinks, gridPars=GP)

# plot the deformation grids of different sexes （不同性别上下颚的示意图）
findMeanSpec(uppgp_sl_sex $ coords[,,1:64])
```

mshape_upp_female <- mshape(uppgp_sl_sex $ coords[,,1:64])
plotRefToTarget(mshape_upp_female, uppgp_sl_sex $ coords[,,9], method="TPS", mag=2, links=upplinks, gridPars=GP)

findMeanSpec(uppgp_sl $ coords[,,65:110])
mshape_upp_male <- mshape(uppgp_sl_sex $ coords[,,65:110])
plotRefToTarget(mshape_upp_male, uppgp_sl_sex $ coords[,,79], method="TPS", mag=2, links=upplinks, gridPars=GP)

findMeanSpec(lowgp_sl_sex $ coords[,,1:64])
mshape_low_female <- mshape(lowgp_sl_sex $ coords[,,1:64])
plotRefToTarget(mshape_low_female, lowgp_sl_sex $ coords[,,14], method="TPS", mag=3, links=lowlinks, gridPars=GP)

findMeanSpec(lowgp_sl $ coords[,,65:110])
mshape_low_male <- mshape(lowgp_sl_sex $ coords[,,65:110])
plotRefToTarget(mshape_low_male, lowgp_sl_sex $ coords[,,65], method="TPS", mag=3, links=lowlinks, gridPars=GP)

附录3 利用 mgcv 包绘制 GAM 模型及相关图例

(Mac 环境下运行)
♯ Read package and data（加载 mgcv 包并读取数据）
library(mgcv)
setwd("~/Desktop/Marine Ecology Progress Series/Data")
dat <- read.csv("GAM_all_width format.csv", header = T)
names(dat)

♯ First GAM test of eastern stock（对东部群体进行分析）
res1.CAU <- gam(C.AU~s(LAT.A)+s(ML.A), data=dat)
summary(res1.CAU)
res1.CAL <- gam(C.AL~s(LAT.A)+s(ML.A), data=dat)
summary(res1.CAL)
res1.NAU <- gam(N.AU~s(ML.A), data=dat)
summary(res1.NAU)
res1.NAL <- gam(N.AL~s(ML.A), data=dat)
summary(res1.NAL)

♯ Plot the graphics with "visreg" of eastern stock（对东部群体显著参数进行作图）
library(visreg)
par(mfrow=c(2,3),mar=c(5,6,3,1.1))
♯ the latitude GAM of carbon isotope in upper beak（上颚 C 稳定同位素的纬度 GAM 模型）
visreg(res1.CAU, "LAT.A", mgp=c(3.1, 1, 0), cex.lab=1.3, cex.main=1.5, main="Upper beak",
       cex.axis=1.1, ylab=expression(paste(italic(δ)^"13" * "C")), xlab="Latitude (N)",   line=list(col="black"), points=list(cex=1, pch=1))
♯ the mantle length of carbon isotope in upper beak（上颚 C 稳定同位素的胴长 GAM 模型）
visreg(res1.CAU, "ML.A", mgp=c(3.1, 1, 0), cex.lab=1.3, cex.main=1.5, main="Upper beak",

            cex. axis = 1.1, ylab = expression(paste(italic(δ)^"13" * "C")), xlab="ML (mm)", line=list(col="black"),points=list(cex=1, pch=1))
    abline(v = c(290, 365, 415), col = "gray60", lty = 2, lwd = 2)
    # the mantle length of nitrogen isotope in upper beak（上颚N稳定同位素的胴长GAM模型）
    visreg(res1.NAU, "ML.A", mgp=c(3.1, 1, 0),cex.lab=1.3, cex.main=1.5, main="Upper beak",
            cex. axis = 1.1, ylab = expression(paste(italic(δ)^"15" * "N")), xlab="ML (mm)",
                line=list(col="black"),points=list(cex=1, pch=1))
    abline(v = c(375, 425), col = "gray60", lty = 2, lwd = 2)
    # the latitude of carbon isotope in lower beak（下颚C稳定同位素的纬度GAM模型）
    visreg(res1.CAL, "LAT.A", mgp=c(3.1, 1, 0), cex.lab=1.3, cex.main=1.5, main="Lower beak",
            cex. axis = 1.1, ylab = expression(paste(italic(δ)^"13" * "C")), xlab="Latitude (N)",
                line=list(col="black"),points=list(cex=1, pch=1))
    # the mantle length of carbon isotope in lower beak（下颚C稳定同位素的胴长GAM模型）
    visreg(res1.CAL, "ML.A", mgp=c(3.1, 1, 0), cex.lab=1.3, cex.main=1.5, main="Lower beak",
            cex. axis = 1.1, ylab = expression(paste(italic(δ)^"13" * "C")), ylim=c(-19.0,-17.0), xlab="ML (mm)",
                line=list(col="black"),points=list(cex=1, pch=1))
    abline(v = c(290, 375, 415), col = "gray60", lty = 2, lwd = 2)
    # the mantle length of nitrogen isotope in lower beak（下颚N稳定同位素的胴长GAM模型）
    visreg(res1.NAL, "ML.A", mgp=c(3.1, 1, 0),cex.lab=1.3, cex.main=1.5, main="Lower beak",
    cex. axis=1.1, ylab=expression(paste(italic(δ)^"15" * "N")), xlab="ML (mm)", line=list(col="black"),points=list(cex=1, pch=1))
    abline(v = c(375, 425), col = "gray60", lty = 2, lwd = 2)

    # Second GAM test of western stock（对西部群体进行分析）

res1.CWU1 <- gam(C.WU1~s(LAT.W1,k=6)+s(ML.W1, k=6)+s(DSB.W1,k=6), data=dat)

summary(res1.CWU1)

res1.CWL1 <- gam(C.WL1~s(LAT.W1,k=6)+s(DSB.W1,k=6)+factor(PS.W1), data=dat)

summary(res1.CWL1)

res1.NWU1 <- gam(N.WU1~s(LAT.W1,k=6)+s(ML.W1, k=6)+s(DSB.W1,k=6), data=dat)

summary(res1.NWU1)

res1.NWL1 <- gam(N.WL1~s(LAT.W1,k=6)+s(ML.W1, k=6)+s(DSB.W1,k=6), data=dat)

summary(res1.NWL1)

Plot the graphics with "visreg" of western stock（对西部群体显著参数进行作图）

par(mfrow=c(2,2),mar=c(5,6,3.2,1.1))

the latitude GAM of carbon isotope in upper beak（上颚 C 稳定同位素的纬度 GAM 模型）

visreg(res1.CWU1, "LAT.W1", mgp=c(3, 1, 0), cex.lab=1.3, cex.main=1.5, cex.axis=1.1, ylab=paste(italic(δ)^"15"~"N")~"(\u2030)", ylim=c(7.5,10.0), xlab=expression(bold("Latitude (N)")), line=list(col="black"), points=list(cex=0.01, pch=1))

the mantle length of nitrogen isotope in upper beak（上颚 N 稳定同位素的胴长 GAM 模型）

visreg(res1.NWU1, "ML.W1", mgp=c(3, 1, 0), cex.lab=1.3, cex.main=1.5, cex.axis=1.1, ylab=expression(paste(italic(δ)^"15"*"N")), xlab=expression(bold("ML (mm)")), line=list(col="black"), points=list(cex=0.01, pch=1))

abline(v = c(300, 350), col = "gray60", lty = 2, lwd = 2)

the latitude GAM of nitrogen isotope in lower beak（下颚 N 稳定同位素的纬度 GAM 模型）

visreg(res1.CWL1, "LAT.W1", mgp=c(3, 1, 0), cex.lab=1.3, cex.main=1.5, cex.axis=1.1, ylab=expression(paste(italic(δ)^"15"*"N")), xlab=expression(bold("Latitude (N)")), line=list(col="black"), points=list(cex=0.01, pch=1))

the mantle length of nitrogen isotope in lower beak（下颚 N 稳定同位素的胴长 GAM 模型）

visreg(res1.NWL1, "ML.W1", mgp=c(3, 1, 0),cex.lab=1.3, cex.main=1.5,

cex.axis = 1.1, ylab = expression(paste(italic(δ)^"15" * "N")), xlab = expression(bold("ML（mm)")), line = list(col = "black"), points = list(cex = 0.01, pch=1))

abline(v = c(300, 350), col = "gray60", lty = 2, lwd = 2)

附录4 利用ggplot2包绘制C/N稳定同位素图和箱型图

(Mac环境下运行)
# C/N稳定同位素图
# load packages（加载相关程序包）
library(ggplot2)
library(plyr)
require(grid)
setwd("~/Desktop/Marine Ecology Progress Series/Data")
stable <- read.csv("boxplot data for ggplot2.csv", header = T)
# convex hull（做出外框范围）
tmp <- stable
find_hull <- function(tmp) tmp[chull(tmp$C13, tmp$N15),]
hulls <- ddply(tmp, .(BEAK,STOCK), find_hull)
# plot（画出C/N稳定同位素图）
p = ggplot(aes(x = C13, y = N15), data = stable) +
　geom_point(aes(shape = factor(STOCK)), size=4) +
　facet_wrap(~ BEAK) +
　scale_shape_manual(values = c(1, 19), limits = c("Eastern", "Western")) +
　geom_polygon(aes(x = C13, y = N15, linetype = STOCK), data=hulls, alpha=.15, show_guide = FALSE) +
　labs(x = paste(italic(δ)^"13" * "C")~"(\u2030)",
　　　y = paste(italic(δ)^"15"~"N")~"(\u2030)"
　) +
　coord_cartesian(ylim=c(4, 11)) +
　scale_y_continuous(breaks=seq(4, 11, 2)) +
　scale_x_continuous(breaks=seq(-19.0, -17.0, 0.5)) +
　theme_bw() +
　theme(strip.text.x = element_text(size = 20, hjust = 0.5, vjust = 0.5),
　　　　panel.grid.minor=element_blank(),
　　　　legend.title=element_blank(),

```
        legend.text=element_text(size=15),
        legend.key=element_blank(),
        axis.text=element_text(size=15),
        axis.title=element_text(size=16,face="bold"),
        axis.title.x=element_text(vjust=-0.5),
        axis.title.y=element_text(vjust=1),
        plot.margin=unit(c(1,0,0.7,0.5),"cm")
  )

#平均值 C/N 稳定同位素图
setwd("~/Desktop/Marine Ecology Progress Series/Data")
stable2 <- read.csv("stable stock mean.csv", header = T)
# plot
p = ggplot(aes(x = C13, y = N15), data = stable2) +
  geom_point(aes(shape = factor(STOCK)), size=4) +
  facet_wrap( ~ BEAK) +
  scale_shape_manual(values=c(0, 1, 2), limits=c("Eastern Large", "Eastern Small", "Western")) +
  geom_errorbar(aes(ymin=N15-N15_S, ymax=N15+N15_S), width=0.1) +
  geom_errorbarh(aes(xmin=C13-C13_S, xmax=C13+C13_S), width=0.1) +
  labs(x = paste(italic(δ)~"13" * "C")~"(\u2030)",
       y = paste(italic(δ)~"15"~"N")~"(\u2030)"
  ) +
  coord_cartesian(ylim=c(5, 10)) +
  scale_y_continuous(breaks=seq(5, 10, 1)) +
  scale_x_continuous(breaks=seq(-19.0, -17.5, 0.5)) +
  theme_bw() +
  theme(strip.text.x = element_text(size = 20, hjust = 0.5, vjust = 0.5),
        panel.grid.minor=element_blank(),
        legend.title=element_blank(),
        legend.text=element_text(size=15),
        legend.key=element_blank(),
```

```
    axis.text=element_text(size=15),
    axis.title=element_text(size=16,face="bold"),
    axis.title.x=element_text(vjust=-0.5),
    axis.title.y=element_text(vjust=1),
    plot.margin=unit(c(1,0,0.7,0.5),"cm"))

#箱型图
# load packages (加载程序包)
library(ggplot2)
require(grid)
setwd("~/Desktop/Marine Ecology Progress Series/Data")
nbox <- read.csv("boxplot data for ggplot2.csv", header = T)
names(nbox)

# plot 13C in different parts of beak in two stocks (¹³C 不同胴长组群体图)
p = ggplot(aes(x = GROUP2, y = C13, fill = BEAK), data = nbox) +
  geom_boxplot() +
  facet_wrap(~ STOCK, scales = "free_x") +
  scale_size_area() +
  labs(fill= "Beak",
       x = "ML group (mm)",
       y = paste(italic(δ)~"13"~"C")~"(\u2030)"
  ) +
  scale_fill_manual(values = c("white", "grey50")) +
  coord_cartesian(ylim=c(-19.0, -17.0)) +
  scale_y_continuous(breaks=seq(-19.0, -17.0, 0.25)) +
  scale_x_discrete(labels=c("A"="200 - 250", "B"="250 - 300", "C"="300 - 350",
                            "D"="350 - 400","E"=">400","1"="<200",
                            "2"="200 - 250", "3"="250 - 300", "4"="300 - 350",
                            "5"=">350")) +
  theme_bw() +
  theme(strip.text.x = element_text(size = 20, hjust = 0.5, vjust = 0.5),
```

```
        panel.grid.minor=element_blank(),
    legend.title=element_text(size=18),
            legend.text=element_text(size=15),
            legend.key.size=unit(1.5,"cm"),
            axis.text=element_text(size=15),
            axis.title=element_text(size=16,face="bold"),
            axis.title.x=element_text(vjust=-0.5),
            axis.title.y=element_text(vjust=1),
            plot.margin=unit(c(1,0,1,1),"cm")
            )

# plot 15N in different parts of beak in two stocks (15N 不同胴长组群体图)
t = ggplot(aes(x = GROUP2, y = N15, fill = BEAK), data = nbox) +
    geom_boxplot() +
    facet_wrap(~ STOCK, scale = "free_x") +
    scale_size_area() +
    labs(fill= "Beak",
         x = "ML group (mm)",
         y = paste(italic(δ)^"15"~"N")~"(\u2030)"
         ) +
  scale_fill_manual(values = c("white", "grey50")) +
  coord_cartesian(ylim=c(4.5, 10.5)) +
  scale_y_continuous(breaks=seq(4.5, 10.5, 0.5)) +
  scale_x_discrete(labels=c("A"="200 - 250", "B"="250 - 300", "C"="300 - 350",
                            "D"="350 - 400", "E"="> 400", "1"="< 200",
                            "2"="200 - 250", "3"="250 - 300", "4"="300 - 350",
                            "5"="> 350")) +
  theme_bw() +
  theme(strip.text.x = element_text(size = 20, hjust = 0.5, vjust = 0.5),
        panel.grid.minor=element_blank(),
        legend.title=element_text(size=18),
```

```
legend.text=element_text(size=15),
legend.key.size=unit(1.5,"cm"),
axis.text=element_text(size=15),
axis.title=element_text(size=16,face="bold"),
axis.title.x=element_text(vjust=-0.5),
axis.title.y=element_text(vjust=1),
plot.margin=unit(c(1,0,1,1),"cm")
)
```

附录5 利用 reshape2 和 dplyr 包整合环境数据及转换分辨率

(Windows 环境下运行)
library(reshape2) ♯长数据和宽数据转换
library(dplyr) ♯数据进行拆分筛选
library(tidyr) ♯数据进行整合
library(readxl) ♯读取 excel 文件
setwd("C:/Users/office/Desktop/数据/2011")
data = read_excel(choose.file())♯选择 excel 文件
mdata = melt(data, id.vars = "coordinates") ♯根据某一变量进行长宽数据转换
　　mdata1 = mdata[mdata$value>0,]
　　new_mdata = select(mdata1, coordinates, variable, value,
　　　　　　　　lon = variable,
　　　　　　　　lat = coordinates, sst = value) ♯重命名
　　new_mdata = na.omit(new_mdata)
　　new_mdata$lon = as.character(new_mdata$lon)
♯去除最后的经纬度符号(N, W, S, E)
new_mdata$lat = substr(new_mdata$lat, 1, nchar(new_mdata$lat)−1)
new_mdata$lon = substr(new_mdata$lon, 1, nchar(new_mdata$lon)−1)
　　new_mdata = transform(new_mdata, lat = as.numeric(lat),
　　　　　　　　　　lon = as.numeric(lon),
　　　　　　　　　　sst = as.numeric(sst)
　　　　　　　　　)
♯由 0.1 * 0.1 转换为 0.5 * 0.5,向中心取均值
newdata = within(new_mdata, {
　lon = ifelse((lon−as.integer(lon))<0.25, lon−(lon−as.integer(lon)),
ifelse((lon−as.integer(lon))<0.75, lon−(lon−as.integer(lon))+0.5,
　　　　　　　　lon−(lon−as.integer(lon))+1))
　lat = ifelse((lat−as.integer(lat))<0.25, lat−(lat−as.integer(lat)),
　　　　　　ifelse((lat−as.integer(lat))<0.75, lat−(lat−as.integer(lat))+0.5,

$$\text{lat}-(\text{lat}-\text{as.integer}(\text{lat}))+1))$$
}
)
colnames(newdata)
#数据再整合
finaldata <- group_by(newdata, lat, lon) %>%
  summarise(sst=mean(sst))

setwd("C:/Users/office/Desktop/数据/转化 11")
write.csv(finaldata,"2011.12.25.csv")

附录6 利用geoR包推算柔鱼在不同阶段某海域可能出现的概率推算洄游路径

（Windows 环境下运行）

♯ load the relevant packages（加载相关程序包）

library(sp)

library(geoR)

library(akima)

library(plotrix)

library(fields)

setwd("C:/Users/office/Desktop/数据/R run")

♯读取两年的周温度数据，分辨率为 0.5 * 0.5

namelist=c("2010weekly. csv","2011weekly. csv")

T_week=NULL

for (i in namelist){

temp<-read. csv(paste(i),header=T)   ♯ grid = 0.5 * 0.5

T_week=rbind(T_week,temp)}

♯读取样本信息

samples<-read. csv("sample_two. csv", header=T)

Na = samples $ na

P = samples $ p

T = samples $ SST

sb=lm(T~Na+P)

N=nrow(samples)

♯计算行列数

count. rows <- function(x)

{

  order. x <- do. call (order, as. data. frame (x))

  equal. to. previous <- rowSums (x [tail (order. x,-1),] ! = x [head (order. x, -1),]) == 0

  tf. runs <- rle (equal. to. previous)

  counts <- c (1,

        unlist (mapply (function(x,y) if (y) x+1 else (rep(1,x)),

```
                              tf.runs$length,tf.runs$value)))
    counts<-counts[c(diff(counts)<=0,TRUE)]
    unique.rows<-which(c(TRUE,!equal.to.previous))
    cbind(counts,x[order.x[unique.rows],,drop=F])
}

#计算指定微量元素对应的温度
T_prec<-function(Na,P){
t=sb$coefficients[3]*P+sb$coefficients[2]*Na+sb$coefficients[1]
return(t)
}
#计算每一个元素对应角质颚的温度
T_matr=matrix(NA,ncol=4,nrow=N)
T_matr_up=matrix(NA,ncol=4,nrow=N)
T_matr_low=matrix(NA,ncol=4,nrow=N)
for (j in 1:nrow(samples)){
for (i in 1:4){
T_matr[j,i]=T_prec(samples[j,2*(i-1)+10],samples[j,2*(i-1)+11])
temp=data.frame(Sr=samples[j,2*(i-1)+10],Ba=samples[j,2*(i-1)+11])
T_matr_up[j,i]=predict(sb,temp,interval="predict")[3]
T_matr_low[j,i]=predict(sb,temp,interval="predict")[2]
}}
########计算捕捞日期的矩阵
date_col=c()
for (i in 1:nrow(samples)){
date_col[i]=paste(samples[i,2],"/",samples[i,3],"/",samples[i,4],sep="")}
date_col=as.Date(date_col)
##从捕捞日开始,倒推其各点日期
apartday=matrix(ncol=4,nrow=N)
for (i in 1:N){
  for (j in 1:4){
    apartday[i,j]=samples[i,j+17]
  }
```

}
#耳石某点的日期
day_temp=matrix(nrow=N,ncol=4)
for (o in 1:N){
for (j in 1:4){
   if(is.na(T_matr[o,j])){day_temp[o,j]=NA}else{
     day_temp[o,j]=paste(date_col[o]-samples[o,j+17])}}}
#day_temp=as.Date(day_temp)
########寻找最适合的环境因子
######## i=样本;phase=某个阶段(P4=1,P3=2,P2=3,P1=4)
extractenv<-function(day,i,phase){
   y=as.numeric(format(day, format = "%Y"))
   m=as.numeric(format(day, format = "%m"))
   d=as.numeric(format(day, format = "%d"))
   T_week_temp=subset(T_week,year==y&month==m)
   if (T_week_temp$day[1]>d){
     T_week_temp=subset(T_week,year==y&month==m-1)
     d=max(T_week_temp$day)
     T_week_temp=subset(T_week,year==y&month==m-1&day==d)}else{
       T_week_temp = subset(T_week,year==y&month==m&day<d&day>=d-7)}
   T_optimal=subset(T_week_temp,sst<T_matr_up[i,phase]&sst>T_matr_low[i,phase]&sst>0)
   return(T_optimal)
}
###
speed=20 #根据文献资料,柔鱼每天游动最大距离为20km
catch_location=cbind(samples$lon,samples$lat)
catch_location=data.frame(catch_location)
##基于游泳速度获取可能出现的最大范围
speedbound<-function(x,y,day){
   distance=speed*day/111.7   ## 1个纬度约等于111.7km
   x_up=x+distance;x_low=x-distance;y_up=y+distance;y_low=y

```
-distance
    return(c(x_low,x_up,y_low,y_up))
}


###############################
#第四阶段-亚成鱼期
###############################
day_temp_p4=as.Date(day_temp[,1])
ph=1
squid4=list()
for (i in 3:N){
ListName=paste("squid","-",i,sep="")
b=speedbound(catch_location[i,1],catch_location[i,2],apartday[i,ph])
temporary=extractenv(day_temp_p4[i],i,ph)
squid4[[ListName]]=subset(temporary,lon>b[1]&lon<b[2]&lat>b[3]&lat<b[4])
}
squid4_rbind=do.call(rbind,squid4)
location_4=data.frame(squid4_rbind$lon,squid4_rbind$lat)
count_ph4=count.rows(location_4)
prob_ph4=cbind(count_ph4,count_ph4[,1]/max(count_ph4[,1]))

write.csv(prob_ph4,file="prob_ph4.csv")


###############################
#第三阶段-稚鱼期
###############################
prob_ph4=read.csv(file="prob_ph4.csv")
init_3=subset(prob_ph4,prob_ph4[,5]==1)
day_temp_p3=as.Date(day_temp[,2])
ph=2
prob_ph3=list()
for (k in 1:nrow(init_3)){
    squid3=list()
    for (i in 1:N){
```

```
    ListName=paste("squid","-",i,sep="")
    b=speedbound(catch_location[i,1],catch_location[i,2],apartday[i,ph])
    temporary=extractenv(day_temp_p3[i],i,ph)
    temporary2=subset(temporary,lon>b[1]&lon<b[2]&lat>b[3]&lat<b[4])
    init=speedbound(init_3[k,3],init_3[k,4],apartday[i,ph])
    temporary3=subset(temporary2,lon>init[1]&lon<init[2]&lat>init[3]&lat<init[4])
    squid3[[ListName]]=cbind(temporary3$lon,temporary3$lat)
  }
    squid3_rbind=do.call(rbind,squid3)
    count_ph3_temp<-count.rows(squid3_rbind)
    prob_ph3_temp=cbind(count_ph3_temp,count_ph3_temp[,1]/max(count_ph3_temp[,1]))
    prob_ph3[[k]]<-prob_ph3_temp
  }

rbindk=do.call(rbind,prob_ph3)
rbindk=as.data.frame(rbindk,col.names=c("count","lon","lat","prob"))
prob3=aggregate(V4~V2+V3,data=rbindk,mean)
write.csv(prob3,file="prob_ph3.csv")


################################
#第二阶段-仔鱼期
################################
prob3=read.csv(file="prob_ph3.csv")
init_2=subset(prob3,V4==1)
day_temp_p2=as.Date(day_temp[,3])
ph=3
prob_ph2=list()
for (k in 1:nrow(init_2)){
  squid2=list()
  for (i in 1:N){
    ListName=paste("squid","-",i,sep="")
    b=speedbound(catch_location[i,1],catch_location[i,2],apartday[i,
```

```
ph])
        temporary=extractenv(day_temp_p2[i],i,ph)
        temporary2 = subset(temporary, lon>b[1]&lon<b[2]&lat>b[3]&lat<b[4])
        init=speedbound(init_2[k,2],init_2[k,3],apartday[i,ph])
        temporary3= subset(temporary2, lon>init[1]&lon<init[2]&lat>init[3]&lat<init[4])
        squid2[[ListName]]=cbind(temporary3$lon,temporary3$lat)
    }
    squid2_rbind=do.call(rbind,squid2)
    count_ph2_temp<-count.rows(squid2_rbind)
    prob_ph2_temp=cbind(count_ph2_temp,count_ph2_temp[,1]/max(count_ph2_temp[,1]))
    prob_ph2[[k]]<-prob_ph2_temp
}

rbindk=do.call(rbind,prob_ph2)
rbindk=as.data.frame(rbindk,col.names=c("count","lon","lat","prob"))
prob2=aggregate(V4~V2+V3,data=rbindk,mean)
write.csv(prob2,file="prob_ph2.csv")

###########################
#第一阶段 胚胎期
###########################
prob2=read.csv(file="prob_ph2.csv")
init_1=subset(prob2,V4==1)
day_temp_p1=as.Date(day_temp[,4])
ph=4
prob_ph1=list()
for (k in 1:nrow(init_1)){
    squid1=list()
    for (i in 1:N){
        ListName=paste("squid","-",i,sep="")
        b= speedbound(catch_location[i,1], catch_location[i,2], apartday[i,ph])
```

```
        temporary=extractenv(day_temp_p1[i],i,ph)
        temporary2=subset(temporary,lon>b[1]&lon<b[2]&lat>b[3]
&lat<b[4])
        init=speedbound(init_1[k,2],init_1[k,3],apartday[i,ph])
        temporary3=subset(temporary2,lon>init[1]&lon<init[2]&lat>init
[3]&lat<init[4])
        squid1[[ListName]]=cbind(temporary3$lon,temporary3$lat)
    }
    squid1_rbind=do.call(rbind,squid1)
    count_ph1_temp<-count.rows(squid1_rbind)
    prob_ph1_temp=cbind(count_ph1_temp,count_ph1_temp[,1]/max(count
_ph1_temp[,1]))
    prob_ph1[[k]]<-prob_ph1_temp
    }


rbindk=do.call(rbind,prob_ph1)
rbindk=as.data.frame(rbindk,col.names=c("count","lon","lat","prob"))
prob1=aggregate(V4~V2+V3,data=rbindk,mean)
write.csv(prob1,file="prob_ph1.csv")

##根据计算出的概率,画出大致分布图
setwd("C:/Users/office/Desktop/数据/R run/Na P")
prob4=read.csv(file="prob_ph4.csv")
prob3=read.csv(file="prob_ph3.csv")
prob2=read.csv(file="prob_ph2.csv")
prob1=read.csv(file="prob_ph1.csv")
par(mfrow=c(2,2))
quilt.plot(prob1[,2],prob1[,3],z=prob1[,4],xlim=c(130,180),ylim=c
(25,45),
           xlab="Longitude",ylab="Latitude",main="Probability of
distribution (Phase 1)")
quilt.plot(prob2[,2],prob2[,3],z=prob2[,4],xlim=c(130,180),ylim=c
(25,45),
           xlab="Longitude",ylab="Latitude",main="Probability of
distribution (Phase 2)")
```

quilt.plot(prob3[,2],prob3[,3],z=prob3[,4],xlim=c(130,180),ylim=c(25,45),

xlab="Longitude",ylab="Latitude",main="Probability of distribution (Phase 3)")

quilt.plot(prob4[,3],prob4[,4],z=prob4[,5],xlim=c(130,180),ylim=c(25,45),

xlab="Longitude",ylab="Latitude",main="Probability of distribution (Phase 4)")